Markenkraft im Mittelstand

D1998005

Oliver Errichiello • Arnd Zschiesche

Markenkraft im Mittelstand

Was jeder Manager von Dr. Klitschko und dem Papst lernen kann

2., überarbeitete Auflage

Springer Gabler

Dr. Oliver Errichiello
Hamburg, Deutschland

Dr. Arnd Zschiesche
Hamburg, Deutschland

Die 1. Auflage erschien 2008 unter dem Titel: Markenkraft im Mittelstand. Was Manager von Schwarzenegger und dem Papst lernen können

ISBN 978-3-8349-4288-3
ISBN 978-3-8349-4289-0 (eBook)
DOI 10.1007/978-3-8349-4289-0

Die Deutsche Nationalbibliothek verzeichnet diese Publikation in der Deutschen Nationalbibliografie; detaillierte bibliografische Daten sind im Internet über http://dnb.d-nb.de abrufbar.

Springer Gabler
© Gabler Verlag | Springer Fachmedien Wiesbaden 2008, 2013
Das Werk einschließlich aller seiner Teile ist urheberrechtlich geschützt. Jede Verwertung, die nicht ausdrücklich vom Urheberrechtsgesetz zugelassen ist, bedarf der vorherigen Zustimmung des Verlags. Das gilt insbesondere für Vervielfältigungen, Bearbeitungen, Übersetzungen, Mikroverfilmungen und die Einspeicherung und Verarbeitung in elektronischen Systemen.

Die Wiedergabe von Gebrauchsnamen, Handelsnamen, Warenbezeichnungen usw. in diesem Werk berechtigt auch ohne besondere Kennzeichnung nicht zu der Annahme, dass solche Namen im Sinne der Warenzeichen- und Markenschutz-Gesetzgebung als frei zu betrachten wären und daher von jedermann benutzt werden dürften.

Lektorat: Manuela Eckstein

Springer Gabler ist eine Marke von Springer DE. Springer DE ist Teil der Fachverlagsgruppe Springer Science+Business Media.
www.springer-gabler.de

Stimmen zum Buch

„Ja, von der Gleichung ‚Leistung = Marke' sind die beiden nicht abzubringen. Aber die Beharrlichkeit hilft. Sie ist wie eine frische Brise in einem Raum voller Werbeluftblasen. Sie verweist die Verantwortung für das Unternehmen zurück ins Unternehmen und fordert auf, sich bewusst zu werden über die eigene Leistung. Und anschließend genau die zu kommunizieren."

Financial Times Deutschland

„Marken sind mehr als Logos oder Slogans – sie können die entscheidende Waffe im Wettbewerb sein. Die Autoren zeigen, wie man auch mit kleinem Budget Marken aufbauen und stärken kann. Zahlreiche Beispiele und Umsetzungstipps machen dieses Buch zum wertvollen Ratgeber."

Wiener Wirtschaft

„Mehr Wissen. Was Marken ausmacht, lernt man nicht an der Universität, sondern anhand von echten Markengeschichten. Eine Auswahl empfehlenswerter Literatur: Platz 3: Markenkraft im Mittelstand."

Impulse – Das Magazin für Unternehmer

„Marken sind lebende Systeme. Und so enthält das Buch keine Blaupausen, die blindlings auf jedes Unternehmen zu übertragen wären. ‚Markenkraft im Mittelstand' ist vielmehr ein äußerst hilfreicher Mix aus markensoziologischen Erkenntnissen und praxisorientierten Hilfestellungen. Das Buch kann jedem Unternehmer dabei behilflich sein, sich auf die spannende Suche nach der eigenen Firmenidentität zu machen – und das ohne riesige Werbebudgets und ohne Kreativabteilung."

results – Das Unternehmer-Magazin der Deutschen Bank

„Die beiden Markenexperten aus Hamburg gewähren auf weniger als 200 Seiten erfrischend dargestellte Einblicke in die Erfolgsparameter der Markenführung. Was Praktikern besonders gefallen dürfte, ist der lockere Schreibstil der beiden Markenentwickler, der auch schon im Untertitel [...] anklingt. Mein Fazit: Ein absolut lesenswertes Buch! Praxisnah. Einfach. Beispielhaft."

Prof. Dr. Karsten Kilian, Initiator von Markenlexikon.com

„Das Buch ist in zwei Teile untergliedert. Im ersten werden die Grundgesetze und Wirkweisen von Marken analysiert. Hier wird dem Leser das Grundlagenwissen leicht verständlich und schnell umsetzbar aufbereitet. [...] Dabei werden auch häufige Fehler angesprochen, die Unternehmern in ihrer Markenstrategie unterlaufen. Der zweite Teil befasst sich mit den Werkzeugen zur Erarbeitung einer Markenstrategie und einer Werbekampagne, auch bei kleinem Budget. Dabei suchen die Markensoziologen ihr Markenheil nicht in bunten Bildern und flotten Sprüchen, sondern in den Leistungen des Unternehmens und dessen Historie."

Rheinische Post

„Ein gut verständliches und anschauliches Grundlagenwerk für Praktiker. Liefert Hintergrundinformationen wo nötig, ohne sich in langatmigen, theoretischen Abhandlungen zu verlieren."

VERKAUFEN – Ihr Magazin für Erfolg im Vertrieb

„Das Thema Marke bietet mittelständischen Unternehmen grundsätzlich ein weitreichendes Spektrum an Möglichkeiten, birgt aber auch kostspielige Gefahren. Beides wird im Rahmen des Buches [...] aufgedeckt. Eine innovative, mit modernen Statements und Zitaten gespickte Aufbereitung der bestehenden Markenliteratur."

transfer – Werbeforschung & Praxis

„Im Zentrum steht [...] die Ausarbeitung von Strategien – von der Analyse des eigenen Produktportfolios über die Kommunikation der eigenen Leistungsmerkmale bis hin zur Entwicklung eines Markenbauplans, der auf das eigene Unternehmen anwendbar ist. Kniffe im Umgang mit Werbeagenturen sowie ein kurzer Aufsatz über ‚Markenführung im ökonomischen Kontext' runden diesen wertvollen Ratgeber ab."

Möbelmarkt

„Viele Beispiele und Illustrationen sowie knackig geschriebene Texte [...].“

Pressesprecher, 10/2008

„Die Autoren der Publikation ‚Markenkraft im Mittelstand‘ haben es geschafft, die grundlegenden Erkenntnisse der Markensoziologie verständlich und anwendungsorientiert in kompakter und lesefreundlicher Form darzustellen. Markenverantwortliche in KMU und auch Großunternehmen sowie anderen Institutionen erhalten eine praktische Anleitung, um Marken systematisch, identitätsorientiert und selbstähnlich zu führen. Besonders wertvoll sind die fundierten Ratschläge für die Selektion markenkompetenter (Werbe-)Agenturen und die zielorientierte Zusammenarbeit mit diesen.“

Dr. André Briw, Hochschule Luzern – Wirtschaft

„Mit dem Buch ‚Markenkraft im Mittelstand‘ ist es den Autoren gelungen, hochwissenschaftliche Zusammenhänge aus Markentechnik und Markensoziologie leicht verständlich zusammenzufassen und praxisorientiert darzustellen. Wir haben das Buch als Tagungsgeschenk an unsere Mitglieder – alles selbständige Reisebürounternehmer – verteilt und viele positive Rückmeldungen erhalten. Das Buch gibt einfache Tipps und klare Anweisungen, wie mittelständische Unternehmen die Mechanismen und Instrumente der Markentechnik nutzen und umsetzen können und so zur wertgeschätzten regionalen Marke werden, die einen besseren Ruf besitzt als die Wettbewerber und damit einen klaren Wettbewerbsvorteil erlangt.“

Cornelius Meyer, Vorstand Marketing & Vertrieb
BEST-RMG Reisen Management AG

„Dieses Buch steckt voller Ideen für jeden mittelständischen Unternehmer. Mir gefallen der deutliche Praxisbezug sowie die verständliche und spannende Schreibe. Es ist wie ein Werkzeugkasten, aus dem jeder die für sich passenden Werkzeuge nutzen kann. Viele der aufgeführten Tipps kosten in der Umsetzung nichts, erhöhen die Durchsetzungskraft der Marke aber unmittelbar. Wissenschaft für das Tagesgeschäft!“

Karl-Heinz Dautz, Geschäftsführer HEIPEI Unternehmensgruppe

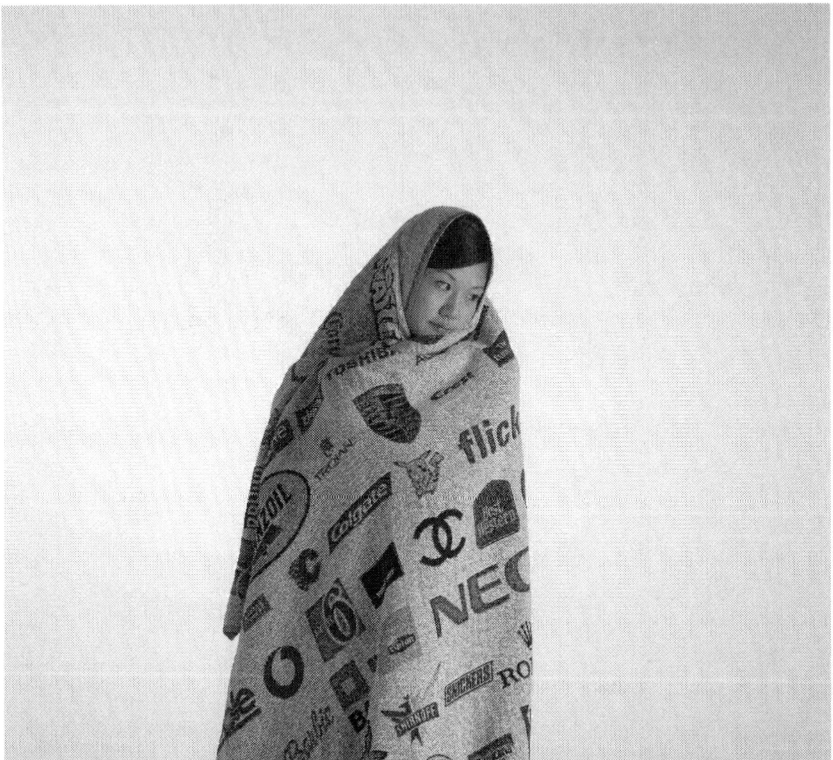

Corporate Safety Blanket No. 1
Fotografie von Douglas Coupland, Vancouver

Inhaltsverzeichnis

Vorwort zur 2. Auflage

An unsere an langfristig orientierter Markenführung interessierten Leserinnen und Leser!

Sie stellen auch vier Jahre nach Erscheinen der 1. Auflage von „Markenkraft im Mittelstand" eine absolute Ausnahme dar, denn ein Blick in die Unternehmenslandschaft belegt, dass die wenigsten Firmen es verstehen, ihre Marke sinnvoll, d. h. wertschöpfungsorientiert zu nutzen. Statt in einem extrem sensiblen Umfeld umsichtig zu agieren, wird kurzfristige Aufmerksamkeit mit Markenstärke verwechselt. Oder: Lärm statt Langfristigkeit. Statt das eigene Leistungsangebot kontinuierlich zu komprimieren, werden allein steigende Umsatzzahlen als wirtschaftlicher Parameter akzeptiert. Oder: Größe statt Dichte. Statt penibel den Erwartungen der eigenen Kundschaft zu entsprechen, wendet sich der Blick hektisch auf die Konkurrenz, die scheinbar alles besser macht und immer schneller ist. Oder: Unruhe statt Konzentration.

Das desaströse Endergebnis: Marktentscheidende Wertschöpfungskraft wird vollkommen unnötig verschenkt, Ressourcen sinnlos vergeudet. Zusätzlich wird vielerorts viel Geld in kommunikative Maßnahmen gepumpt, die im besten Fall keinerlei Rückschlüsse auf das Unternehmen zulassen, meist jedoch mühsam aufgebaute Markenenergie in kürzester Zeit zersetzen. Statt konkrete Fakten zur Marke dezidiert aufzubereiten, „wirbt" Werbung mit Emotionen, die in Abstraktheit verpuffen. All diese Aktivitäten führen in eine einzige Richtung: Das Unternehmen untergräbt seine eigene Existenzgrundlage – Marken werden stets von innen zerstört, nie von außen. Globale Konzerne sehen sich, wenn sie derartigen Herausforderungen entgegentreten wollen, häufig mit stärkeren Problemen konfrontiert als der typische Kleinbetrieb: Wenn sich die Marketingebene bereits meilenweit vom Tagesgeschäft entfernt hat und nur noch Sympathiewerte in Exceltabellen tippt, um bunte Balkendiagramme an weiße Wände zu beamen, fällt es besonders schwer, zu seriöser Markenarbeit zurückzukehren. Viele Mittelständler dagegen besitzen zwar weder das umfassende Know-how noch das Budget des Konzerns, aber der Mann (oder die Frau) für das Marketing weiß alles über das Produkt und seine Käufer – und bekommt umgehend eins „auf den Deckel", wenn die Werbemaßnahme nicht mehr von den Leistungen des Produkts berichtet oder absurde Summen verschlingt. Ein guter Ansatz, den wir unterstützen und produktiv unterfüttern möchten.

Unser Leitmotiv beim Schreiben des Buches war es, sicherzustellen, dass jedes mittelständische Unternehmen sich seiner vollen Leistungsfähigkeit bewusst wird und diese einmalige Marken-Leistung konsequent nach außen trägt und verankert. Mit der ergänzten 2. Auflage dieses Buches möchten wir den Weg weitergehen, indem wir erneut Ihr Vorgehen in Bezug auf Markenführung und Markenaufbau Schritt für Schritt absichern und Ihnen jede Menge Unterstützung zur publikumswirksamen Verankerung Ihrer Leistungen geben. Dazu benötigen Sie keine kostspielige Kampagne, sondern in allererster Linie den gezielten Einsatz bewährter sozialer Mechanismen. Markenführung ist einfach – Sie müssen nur wissen, wie Menschen denken und schließlich kaufen!

Denn ohne jede Übertreibung ist das Thema Marke aktuell wie nie zuvor, und zwar weit über den traditionellen Wirtschaftsbereich hinaus: So wäre eine politische Partei, die sich ernsthaft mit ihrer eigenen Partei-Marke auseinandersetzt und anschließend definierte Standpunkte und Grenzen vertritt, eine attraktive Ausnahmeerscheinung in Parteienlandschaften, die häufig Ebenen sind. Marke ist immer Bekenntnis – und mit Bekenntnissen tun sich viele Menschen heute schwer, weil sie Gefahr laufen, dass es andere gibt, die ihr Bekenntnis nicht teilen. Ein Gedanke, der im klassischen Marketing so nicht vorgesehen ist: Alle Unternehmen müssen alles anbieten, alle müssen alles können, jede potentielle Zielgruppe muss „abgeholt" werden, egal wie, wo und warum. Oberste Prämisse: Bloß niemanden verschrecken! Das einzig Beruhigende für den markensoziologisch geschulten Betrachter: Der ganze Aufwand nützt nichts, weil die allermeisten Menschen eine Marke aus einem einzigen Grund kaufen: Sie suchen nach Verlässlichkeit und Orientierung in einer Welt, die immer unübersichtlicher wird. Marken sollen unseren komplexen Alltag erleichtern und uns für unterschiedlichste Aufgabenstellungen Problemlösungen anbieten: vom praktischen oder prestigeträchtigen Fahrzeug bis zum zwei- oder vierlagigen Toilettenpapier. Das ist die anspruchsvolle, aber ehrenhafte Aufgabe von Marken.

Markenführung ist Vertrauensmanagement. Nichts anderes. Leider wird dies gerne vergessen. Vertrauen zu vertiefen, scheint eine zu simple Aufgabe für Horden von selbsternannten Markenprofis zu sein. In den Jahren unserer Tätigkeit hat sich im Umgang mit Beratern, Managern und Werbern für uns eine Annahme immer wieder bestätigt: Es gibt keinen Bereich des Wirtschaftslebens, der so von Unsicherheit, aber vor allem auch Unwissenheit geprägt ist, wie der Bereich Marke. Ob es zugegeben wird oder nicht, hier tasten die meisten Menschen ängstlich durch das Dunkel, weil das Thema scheinbar(!) nicht greifbar ist. Dafür wabern zeitgleich erstaunlich viele erstaunlich kompetent klingende Sätze durch den Raum. Doch warum ist Marke so vertrackt? Weil Marke ein soziales Phänomen ist, das betriebswirtschaftliche Auswirkungen hat – damit genießt die Marke eine Sonderstellung in einer sich gern betont rational gebenden Wirtschaftswelt. Sie wird wahlweise als altmodisches Phänomen verachtet oder als Heilmittel zur Firmenrettung bejubelt. Immerhin, ganz an ihr vorbei kommt heutzutage niemand – und wenn es nur ein paar auswendig gelernte Stanzsätze für die Pressevertreter sind.

Vor diesem Hintergrund freut es uns umso mehr, dass Sie sich seriös mit dem faszinierenden Themenkomplex Marke, Markenaufbau und Markenführung beschäftigen möchten. Wir möchten nicht weniger, als Ihnen zu zeigen, warum und wie Marke zum entscheidenden Wettbewerbsvorteil Ihrer Unternehmung wird. Dazu benötigen weder Sie noch wir magische Zauberkräfte oder neudeutsch „Emotions", und kein Leser muss über heiße Kohlen laufen und dabei „Chaka" schreien – versprochen! Sie benötigen auch kein Riesenbudget, Sie müssen keine Werbekampagne durch alle Medienkanäle streuen, Sie müssen nicht zwangsläufig facebooken oder twittern. Ja, Sie müssen nicht einmal ein klassischer Mittelständler sein, denn die hier beschriebenen sozialen Grundregeln der Markenbildung sind universell einsetzbar und gelten für jede Unternehmung, die wirtschaftlich gesund wachsen will. Haben Sie keine Berührungsängste mit dem Thema Marke. Packen Sie es an! „Machen" Sie Marke! Es lohnt sich!

In diesem ganz konkreten Sinne: Viel Spaß beim Lesen und Umsetzen!

Dr. Oliver Errichiello
Dr. Arnd Zschiesche

Einleitung: Was bringt die Markensoziologie für den Mittelstand?

Marke ist Thema. Viele Menschen sprechen gerne von Marken, viele geben vor, etwas von Marken zu verstehen, manche Personen definieren sich sogar über Marken. Unternehmensverantwortliche lassen sich gerne zitieren mit Sätzen wie: *„Marke ist wichtig! Unsere Marke muss ausgebaut werden! Die Pflege des Markenkerns hat Priorität!“* Wer wäre nicht gerne Coca-Cola, IBM, Google oder Bosch? Ortschaften und Sportvereine werden zu Marken. Selbst Politiker und Kirchen haben den „Marken-Jargon“ entdeckt, sie alle feilen am „Image“ und an einem schicken Logo. Marke entwickelt sich zu einem Synonym für Unternehmensstärke und Marktbedeutung. Marke muss daher als Schlagwort für vieles herhalten: für Werbung, Design und Corporate Identity, um nur einige populäre Bereiche zu nennen.

Mittelstand als neue Zielgruppe

Heute ist das Thema Marke auch bei den mittelständischen Unternehmen angekommen. Dies hat verschiedene Ursachen: Zum einen ist die Anzahl der Werbeagenturen und Berater in den letzten Jahren sprunghaft angestiegen, sodass neue Zielgruppen sensibilisiert und erschlossen wurden. Zum anderen lässt sich bei den erfahrenen Großunternehmen nicht mehr so simpel Geld verdienen wie zuvor. Die Entscheidungswege sind oft lang und unverbindlich.

Die Folge: Der Mittelstand – traditionell das Fundament zahlreicher europäischer Volkswirtschaften – ist ein lohnendes Feld geworden und damit in das Visier der Werbe- und Berater-Profis geraten. Der Mittelstand präsentiert sich flexibel und verlässlich. Entscheidungen fallen hier schnell. Solide Betriebe, welche durch den geschickten Einsatz der Ressourcen und zumeist ohne ein Management, das alle drei Jahre wechselt, erfolgreich aufgebaut wurden. Die zunehmende Beschäftigung mit dem Thema Marke ist grundsätzlich positiv und chancenreich, birgt für mittelständische Unternehmen allerdings auch kostspielige Gefahren.

Marken werden (auch) durch Werbung zerstört

Die Bemühungen der Agenturen geben ein Ziel vor: Das umworbene Unternehmen zur Marke zu machen. Was darunter zu verstehen ist, steht im Angebot: Ein schnittiges Logo, ein pfiffiger Slogan, eine Hochglanzbroschüre, ein professioneller Internetauftritt und alles unter dem Dach einer Corporate Identity, die von der Fahrzeuglackierung bis zum Kugelschreiber reicht. Manchmal wird eine „Markenbibel" mit dem Wertecodex des Unternehmens ausgearbeitet, die an alle Mitarbeiter verteilt wird. Darin finden sich Sätze wie: *„Wir handeln nur kundenorientiert"* oder *„Unser Unternehmen will Marktführer im Bereich Innovation sein"*. Abstrakte Antworten auf konkrete Fragestellungen im Tagesgeschäft.

Was ist bei einem solchen externen Angebot der „Marken-Werdung" zu tun? Die Chance nutzen? Das Unternehmen mit professioneller Hilfe aufrüsten – gegen die Angst, etwas Entscheidendes zu verpassen? Eine Investition „in die Marke wagen", die sich später „irgendwie" bezahlt macht?

Marke ist genauso kontrollierbar wie Einkauf oder Vertrieb

Unserer Erfahrung nach sind sich viele Unternehmer (und ihre Berater) nicht bewusst, was Marke eigentlich bedeutet. Marke wird behandelt wie eine attraktive Grauzone, die etwas mit Außenwirkung, Bekanntheit, Tradition, Symbolik, Mythos und Emotionen zu tun hat.

Um es klar zu sagen: Diese Einordnung ist soziologisch falsch und streift höchstens die Oberfläche eines wichtigen Sachverhaltes. Stattdessen gilt: Markenaufbau und Markenstärkung können und müssen identischen Überprüfungskriterien standhalten, wie beispielsweise Investitionen in die Entwicklung, den Einkauf oder den Vertrieb. Marke ist keine Grauzone – und Mythen sind keine seriöse Arbeitsgrundlage.

„Bauchgefühl" und „Gefallensentscheidungen" beim Thema Marke werden durch wissenschaftliche Erkenntnisse abgelöst. Es werden die grundlegenden Mechanismen der Markenbildung und Markenführung aufgezeigt, um Unternehmen vor Investitionen in kurzfristige, nicht fundierte Beratungsleistungen zu bewahren und Lösungen „von der Stange" zu vermeiden.

Marke ist im markentechnischen Verständnis kein Selbstzweck. Vielmehr verfolgen sämtliche hier aufgeführten Regeln zum Einsatz und zur Erhöhung der Markenstärke ein Ziel:

Das Ziel markentechnischer Unternehmensführung ist es, die Ertragskraft des Unternehmens nachhaltig zu sichern und zu stärken. Die Marke ist das Werkzeug dazu.

Wissenschaftlicher Hintergrund: Markentechnik und Markensoziologie

Begründer der Markentechnik ist **Hans Domizlaff***, der mit dem zum Klassiker gewordenen Werk* „Die Gewinnung des öffentlichen Vertrauens. Ein Lehrbuch der Markentechnik" *eine umfassende, praxisorientierte Anleitung zur Führung und zum Aufbau von Marken verfasst hat. Entscheidend für das Verständnis seiner Lehre ist der gezielte Einsatz von massenpsychologischen Erkenntnissen. Nach Domizlaff gelingt die langfristige und nachhaltige Führung von Marken einzig durch einheitlichen Stil und seine konsequente Durchsetzung auf sämtlichen Unternehmensebenen. Domizlaff entwickelte für große Namen der Deutschen Industrie Gewinn bringende und durchsetzungsstarke Führungsinstrumente und Symbole. Die Markentechnik steht seitdem als Inbegriff für verantwortungsvolle, langfristige und wertsichernde Markenführung.*

Als moderner Markentechniker und Begründer der Markensoziologie gilt **Alexander Deichsel***. Anhand wissenschaftlicher Erkenntnisse entwickelte er eine markentechnische Führungslehre, die soziologische Gesetzmäßigkeiten einsetzt, um gewünschte Wirkungen einer Marke in der Öffentlichkeit und bei der Kundschaft zu erzielen.*

Jede Marke ist das Ergebnis von sozialen Bündnissen: Der Markensoziologe legt den Blick auf die sozialen Mechanismen frei, die hinter jeder erfolgreichen Marke wirken, und macht diese „Erfolgsbausteine" konkret. Eine starke Marke zeichnet sich dadurch aus, dass sie komplexe soziale Strukturen – Leistungen, Produkte, Menschen, Orte – in eine stimmige Einheit verwandelt, die von außen und innen als solche wahrgenommen wird: Wir sprechen von Microsoft, von Nivea oder vom Hotel Vier Jahreszeiten, als wären es Einzelpersonen, obwohl Tausende oder Hunderte Personen hinter diesen Namen stehen. Aus vielen Einzelhandlungen über die Zeit hat sich ein übergeordnetes Etwas – markensoziologisch ein Gestaltsystem – entwickelt. Die Tatsache, dass jede Marke ein eigenes System mit eigenen Regeln und eigener Geschichte ist, macht deutlich, dass eine Marke nur aus sich selbst heraus verstanden und geführt werden kann.

Die soziologische Analyse von Markensystemen zeigt, dass die Wirkmechanismen und Anziehungskräfte von Marken den immer gleich bleibenden Verhaltenmustern des menschlichen Miteinanders folgen. Dies hat den Vorteil, dass sie für die Markenführung instrumentalisiert werden können.

Markentechnik und Markensoziologie arbeiten Hand in Hand für die erfolgreiche Durchsetzung von Wirtschaftsystemen im Markt: Während die Markensoziologie die individuellen Charakterzüge der Marke herausarbeitet und definiert, kommt die Markentechnik verstärkt bei der anschließenden operativen Umsetzung der Erkenntnisse und der Lenkung der Marke zum Einsatz.

Was Sie von diesem Buch erwarten können

Dieses Buch ist als Leitfaden für eine kontrollierte Markenstärkung einzusetzen. Die vorliegenden wissenschaftlichen Erkenntnisse und Erfahrungen aus dem Tagesgeschäft gliedern sich in fünf Kapitel:

- Zunächst werden Sie mit den wissenschaftlichen Grundgesetzen der Markensoziologie anhand zahlreicher Fallbeispiele vertraut gemacht.
- Auf dieser Grundlage erhalten Sie klare Hinweise, nach welchen Aspekten bei der Markenstärkung recherchiert werden sollte und wie dieses Material nutzbar gemacht wird.
- Anschließend werden Felder zur erfolgreichen Markendifferenzierung aufgezeigt.
- Auf dieser Basis werden Schritt für Schritt klare Empfehlungen für die Ausarbeitung einer Werbekampagne gegeben. Besonderes Augenmerk wird auf die Vermeidung von wertschöpfungsvernichtender Werbung gelegt. Die „Acht Regeln zum Umgang mit Agenturen“ sollen Sie vor kostspieligen Experimenten bewahren.
- Weil das Thema Social Media viele Unternehmer(-innen) bewegt und oftmals verunsichert, ist ein zusätzliches Kapitel zur Markenführung im Internet verfasst worden. Hier wird markensoziologisch erklärt, warum und wann ein Engagement bei facebook und Co. sinnvoll ist und wann nicht.

- Das Buch schließt mit grundlegenden Betrachtungen zur Umsetzung der dargestellten Strategien. Besonders wichtig ist uns, dass mit Dr. Timm Homann ein anerkannter Manager die Relevanz der Markensoziologie für die tagesgeschäftliche Unternehmensführung deutlich macht, sodass das Buch mit seinem Aufsatz „Markenführung im ökonomischen Kontext" endet. Mehrere Leseempfehlungen runden unser Angebot für Sie ab.

Das im Folgenden aufgeführte Know-how wurde auf die besonderen Bedürfnisse mittelständischer Unternehmen zugeschnitten. Es gibt ein kompaktes und verständliches Regelwerk vor, mit dem jeder Unternehmensverantwortliche oder Bereichsleiter eines mittelständischen Unternehmens gezielt Schritte einleiten kann, um seine Firma zu einer Marke zu machen – oder um bereits getätigte Anstrengungen zu überprüfen und gegebenenfalls zu korrigieren.

Teil 1

Die Marke –
Grundgesetze und Wirkweisen

Marke ist keine Frage des Geldes, sondern der Stiltreue

„Markengesetze sind Naturgesetze."

Hans Domizlaff

1 Was zeichnet erfolgreiche Marken aus?

Auf den folgenden Seiten wird deutlich werden, was eine Marke ist, wie sie funktioniert und welche soziologischen Grundgesetze sie steuern. Seriöser Markenaufbau und solide Markenstärkung sind keinesfalls zufällige Resultate oder das Ergebnis hohen Werbedrucks, sondern in erster Linie die Wirkung tagtäglicher Leistungen. Der Markensoziologe wird immer wieder gefragt, was denn eigentlich eine Marke sei. Zumeist besitzt der Fragesteller die Vorstellung, nur bedeutende Firmen seien Marken: Je größer ein Unternehmen, desto mehr Marke.

Wenn man Marke ist, so habe man es leichter, wird in Gesprächen mit Verantwortlichen immer wieder unterstellt. Es fallen Sätze wie: „Ja, die können sich viel besser durchsetzen und einen hohen Preis verlangen. Die sind schließlich eine richtige Marke." Aber was bedeutet das? Marke erscheint im Allgemeinen als eine Mischung von wirtschaftlicher Macht und wiedererkennbaren Merkmalen, die in Kombination mit groß angelegten Werbemaßnahmen steht.

Trotz dieser begrifflichen Annäherung scheint es, als bestünde bis heute keine klare Definition für Marke. Dies ist umso erstaunlicher, weil Marke anerkanntermaßen eine entscheidende Rolle als betriebswirtschaftlicher Faktor spielt. Ein Indiz für die wachsende Bedeutung ist, dass zunehmend auch kleine und mittelständische Unternehmen ihr Logo bzw. ihren Namen markenrechtlich schützen lassen. Aber ist ein Logo bereits eine Marke? Ist damit die Arbeit getan und die Wertschöpfung erhöht sich automatisch?

> Marke ist das Ergebnis einer Leistung, die von einem Unternehmen erfolgreich über längere Zeit erbracht wurde. Eine Marke ist niemals von der mit ihr verbundenen Leistung zu trennen. Ihre Entwicklung und Stärkung beruht auf konkreten und kontinuierlichen Eigenschaften.

Marke entsteht nicht durch Werbung, ein Markenzeichen oder Design. Marke entsteht durch Handlungen, die von einem Anbieter unter einem bestimmten Namen über einen längeren Zeitraum erbracht werden – unabhängig von Größe und Ziel der Unternehmung. In der Folge kann sich, über

Einzelerfahrungen hinaus, eine gute Meinung über diese Leistung bilden. Eine Gruppe entsteht, die für die Wirtschaftlichkeit jeder Unternehmung entscheidend ist: die Kundschaft.

Unter Marke versteht der Markensoziologe sowohl das multinationale Traditionsunternehmen als auch den regionalen Radiosender. Marke ist ebenso das Restaurant an der Ecke, das seit vielen Jahren gerühmt wird, oder der zuverlässige Produzent von Möbeln, der ausschließlich als Zwischenhändler auftritt und bei seinen Vertriebspartnern geschätzt ist. Es entsteht ein Verhältnis, das die Markensoziologie als *Soziales Vertrauen* bezeichnet.

Entscheidend ist, dass die gute Erfahrung der Kunden immer wieder Bestätigung erfährt und sich diese Erkenntnisse vernetzen. Eine kollektive Meinung entsteht: Je mehr Menschen von der Güte der Leistung überzeugt sind, desto vielschichtiger wird der soziale Austausch. Manche mögen einen Radiosender aufgrund seines musikalischen Formats, andere aufgrund der Moderatoren oder der Blitzermeldungen. Für die Markenbildung ist es zunächst unerheblich, welches die genauen Inhalte sind oder ob der Erfahrungstransfer lokal oder global geschieht. Die zugrunde liegenden – strukturellen – Wirkweisen bleiben identisch.

> Markenkraft entsteht, wenn sich eine übergreifende gute Meinung über die Leistung eines Unternehmens gebildet hat.

Marke beginnt nicht ab einem prozentual erfassbaren Bekanntheitsgrad. Marke wird wirksam, wenn es gelingt, innerhalb einer Gruppe ein bestimmtes positives Bild zu verankern: Deutsche Marken wie Volkswagen, Bosch, Aldi, Lufthansa sind international zu Begriffen geworden. Die Nennung des Namens ruft bei Menschen in aller Welt bestimmte Einordnungen hervor. Aber auch kleinere Unternehmen transportieren Vorstellungen in unser Denken: Das Kindergesicht auf der Brandt-Zwieback-Packung, die antiquierte Verpackung von Kemm'sche Kuchen oder die Dallmayr-Verkäuferinnen. Ein Großhändler für Nahrungsmittel wird bei seiner Kundschaft bestimmte Vorstellungen bewirken – in einem begrenzten, aber eben für ihn entscheidenden Umfeld. In diesem Verständnis wird deutlich, warum auch ein Mensch, eine Musikgruppe, ein Fußballteam zur Marke werden kann: Ein bestimmter Stil stößt auf Resonanz und wird – bei kontinuierlicher Wiederholung – mit der entsprechenden Gruppe bzw. diesem Menschen in Verbindung gebracht.

Abb.1: Jubelnde Ferrari-Fans: Auch diese Emotionen entstehen in der Werkshalle.

Foto: Gero Breloer/Quelle: dpa-Sportreport

Sämtliche dieser Urteile, Vorstellungen und Bilder werden erst wirtschaftlich wirksam durch die Leistungen dahinter: Menschen *merken* Marken durch Leistungen. Aus ihnen entwickeln sich – im positiven Fall – Kunden, die mit dem Ergebnis zufrieden waren und das Gefühl haben, dass ihr Geld an dieser Stelle gut angelegt ist.

Die italienische Firma Ferrari baut kostspielige Sportwagen mit bedingter Straßentauglichkeit. Diese Autos rufen bei vielen Menschen Emotionen wie Freude, Staunen oder Neid hervor: Ihr Entstehungsort ist die Konstruktionshalle. Herkunft, Geschichte und Leistung einer Marke lassen sich nicht künstlich erschaffen. Erst aus den Vorstellungen der Menschen entwickeln sich Emotionen, die in diesem Falle bis hin zu Ferrari-Clubs und fahnenschwenkenden Fans in roter Kluft führen. Wenn jedoch die roten Rennfahrzeuge die geforderte sportliche Leistung über einen langen Zeitraum nicht erbringen, wird die Begeisterung sich abschwächen: *Auch stärkste Emotionen, die eine Marke hervorruft, liegen einzig im Produkt begründet.*

1.1 Marke ist Wiedererkennung – Was Udo Jürgens und den Papst verbindet

Warum kocht bei einem Popkonzert die Stimmung im Publikum erst über, wenn die Gruppe anfängt, ihre großen Hits vergangener Jahre zu spielen? Weil die versammelten Menschen bereits schöne Erinnerungen mit diesen Liedern verbinden – daraus entsteht Verbundenheit und Freude, sobald die ersten Akkorde (wieder-)erkannt werden. Vollkommen neue Songs sind noch nicht sozial „aufgeladen“, deswegen werden sie beim Konzert nicht zuerst gespielt.

Das Wiedererkennen-Wollen von Verhaltens- oder Gestaltungsmustern ist ein übergreifendes Wesensmerkmal des Menschen. Für den Bereich Musik bedeutet dies: Langfristig am erfolgreichsten sind meist Bands und Musiker, denen es gelingt, Lieder musikalisch und inhaltlich variantenreich, aber dennoch (wieder-)erkennbar zu komponieren. Egal ob Mozart, Beatles oder die Hard-Rocker von Metallica. Unzählige Titel und Stücke wurden komponiert, und doch ist jedes „typisch“ Mozart, „typisch“ Beatles oder „typisch“ Metallica.

Der österreichische Entertainer Udo Jürgens hat weit über 2000 Konzerte gegeben. Jedes seiner Konzerte beendet er in einem weißen Bademantel. Die Zuschauer fordern das so genannte „Bademantel-Finale“: Ein Konzert

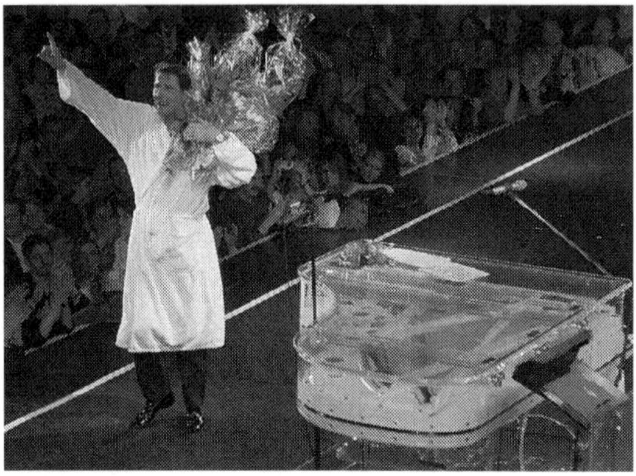

Abb. 2: Udo Jürgens „Bademantel-Finale".

Foto: Dominik Beckmann
Quelle: Udo Jürgens Medienstelle/ Publicum pmi AG

der Marke Udo Jürgens wäre undenkbar ohne diese Stilfigur, und so gibt der 1934 geborene Künstler mit dem großem Markenverständnis seine letzten Zugaben weiterhin konsequent in weißes Frottee gehüllt.

Ein besonders eindrucksvoller Beleg für diesen Sachverhalt findet sich auch in einem vollkommen anderen Bereich: in der Religion. Was hat Religion mit Marke zu tun? Der Markensoziologe versucht, anhand von kollektiven Verhaltensweisen allgemein gültige Gesetze abzuleiten, die für sämtliche sozialen Systeme, also Gemeinschaften, gelten. Auch Marke ist im soziologischen Verständnis eine Gemeinschaft. Deshalb ist das folgende Beispiel interessant: Jedes Jahr versammeln sich 100000 Menschen auf dem Petersplatz und warten gespannt darauf, dass der Papst den Balkon des Petersdoms betritt. Als Höhepunkt der Osterfeierlichkeiten der Katholischen Kirche überbringt der „Heilige Vater" den Menschen in aller Welt seine Osterbotschaft. Dann verliest er – immer wieder unterbrochen von dem Jubel der Gläubigen – die Ostergrüße in 62 Sprachen, um abschließend den lateinischen Segen „Urbi et orbi" zu erteilen. Die Formel entstand im 13. Jahrhundert und geht auf das Römische Reich zurück. Das Presseamt des Vatikans gibt auf Anfrage bekannt, dass der Papst mehrere hundert Millionen Menschen erreicht: 217 Fernsehstationen aus 74 Ländern und 546 Radiosender werden live zugeschaltet. Die Marktanteilsstatistik der ARD vermeldet für die Sendung „Ostern in Rom" eine außergewöhnlich hohe Einschaltquote von 18,4 Prozent am Feiertagsvormittag.

Für den Markensoziologen ist interessant, dass sich hier seit Jahrhunderten nichts verändert. Es ist minutiös festgelegt, was wann mit welchen Worten geschieht – und dennoch oder gerade deshalb wirkt dieses Ritual auf so viele Menschen faszinierend.

Abb. 3: Urbi et Orbi: Seit 700 Jahren hat sich kaum etwas verändert und gerade deshalb wirkt es auf die Menschen anziehend.

Quelle: dpa/Foto: Osservatore Romano

Es muss nicht immer gleich die päpstliche Weihe sein, überall finden sich Belege für den tief menschlichen Wunsch nach Wiederholung: Kaum noch aus der Alltagskultur am Silvesterabend in Deutschland, Österreich oder der Schweiz wegzudenken sind ganz besondere 18 Minuten: Dinner for One. Es handelt sich um die meist wiederholte Fernsehsendung im deutschsprachigen Raum: Seit mehr als 40 Jahren freuen sich Menschen auf das Stolpern und fröhliche „Picheln" von Miss Sophie und ihrem Butler. In der Spitze schauen allein in Deutschland mehr als 15 Millionen Menschen zu. Bemerkenswert ist das Phänomen, weil diese Erfolgsstory die Faszination und Bindungskraft des Menschen für das „immer gleiche" eingängig demonstriert. Nicht nur das Kleinkind, auch der „normale" Mensch benötigt Rituale, um in einer schnelllebigen Welt Orientierung und Sicherheit zu entwickeln.

Nicht anders funktioniert Marke – im Großen wie im Kleinen: Die starke Marke lebt von der Wiedererkennung – ob im Regal des Supermarktes, mit dem bewährten Hotel oder beim Nachfolgemodell des altgedienten Familienfahrzeugs. Der Mensch sucht instinktiv – gerade bei neuen Dingen – das Gewohnte, weil er es mit positiven Erfahrungen verbindet.

1.2 Marke ist das Ergebnis von positiver Erfahrung – Warum NEU allein noch kein Wert ist

Die genannten Beispiele machen deutlich, dass Marke allein durch positive Erfahrungen mit einer Leistung entsteht. Persönliche Erlebnisse mit Marken werden gerne weitergegeben und die Produkte werden weiterempfohlen. Neue Produkte, die ohne einen bekannten Namen, ohne dass ein Publikum zuvor Erfahrungen damit sammeln konnte, auf Menschen treffen, besitzen keine Energie. Sie ziehen nicht an. Sie erzählen nichts. Sie sind anonym und gesichtslos. Aus diesem Grund werden Handelsmarken – eben nicht nur aufgrund ihrer Gestaltung – oft als „weiße Marken" bezeichnet: Wir können über sie nicht kommunizieren (außer über ihren Preis).

Was für ein Berg von Motiven strömt dagegen auf uns ein, wenn solche Namen wie Alfa Romeo, Rolex oder McDonald's Thema sind. Auch vielen mittelständischen Unternehmen ist es gelungen, Eigenschaften in den Köpfen vieler Menschen zu verankern, z. B.: Zentis, Fielmann oder Weleda. Ob fruchtiger Brotaufstrich, günstige Brillen oder Naturkosmetik, immer wird ein Bild bzw. eine Leistung (oder mehrere) mit einem Namen verpolt. Ebenso funktioniert *Soziales Vertrauen* bei dem Spar-Supermarkt an der Ecke oder dem Zehn-Mitarbeiter-Handwerksbetrieb. Wir wissen, was uns erwartet.

Die Erfahrungswerte unterschiedlicher Kunden haben sich unter einem Markennamen vernetzt. Ein Vorgang, der gerade für regional begrenzte Betriebe entscheidend ist. Je mehr Kunden (m)eine Leistung als spezifisch und gut wahrnehmen, also etwas Positives berichten können, desto vielschichtiger wird der soziale Austausch, dessen Energie sich in Sätzen wie diesem widerspiegelt: *„Dieser Großbäcker arbeitet besonders flexibel, dem kann ich ohne Bedenken die Herstellung anvertrauen."*

> Eine Marke ist dann stark, wenn ein guter Ruf der Leistung vorauseilt.

Während der Betriebswirtschaftler Zahlen und Daten als Grundlage für seine Überlegungen wählt, sie als „Hard-Facts" bezeichnet, ist für den Markensoziologen die Marke der „harte Fakt". Unabhängig von Konjunkturzyklen, kurzfristigen Trends und wechselnden Mitarbeitern ist die Marke das einzige beständige Element im Unternehmen: Übergreifend existiert *Soziales Vertrauen* in einen Namen.

Eine starke Marke profitiert vom „guten Ruf", vom Vertrauensvorschuss, der ihr (kostenfrei) vorauseilt. Neue Produkte starten nicht als anonyme Angebote, sondern werden von Beginn an mit den Attributen ausgestattet, welche die Marke über die Zeit aufgebaut hat und die sie nun besetzt. Neue Mitarbeiter sind unmittelbar Vertreter eines bestimmten Hauses und seiner Charakteristika. Das Vertrauen in die Marke überträgt sich auf sie.

Diese Energie steht dem Unternehmen kostenfrei zur Verfügung – sie ist nicht über Nacht entstanden, sondern das Ergebnis konsequenter Handlungen.

Die Kraft der Marke bildet die langfristige Wertschöpfungsgarantie für das Unternehmen. Daher ist das erfolgreiche Führen der Marke – dem Dach des Unternehmens – entscheidend für nachhaltigen Erfolg im Markt.

Es ist deutlich geworden: Marke ist ein sensibler sozialer Zusammenhang, der das gesamte Unternehmen umfasst und nicht primär aus einer Corporate Identity oder Werbung besteht.

Marke umfasst alle Unternehmensbereiche und besteht nicht allein aus einem Logo und betriebswirtschaftlichen Kennziffern. Marke ist ein sozialer Gesamtzusammenhang mit stabilisierenden Konsequenzen.

1.3 Erst Marke verleiht dem Produkt Sinn – Warum ein Stück Stoff die Welt bedeuten kann

Warum kaufen Menschen (die meist nicht professionell Fußball spielen) ein Fußballtrikot? Es wird gekauft, weil der Einzelne seine Identifikation mit einem für ihn besonderen Verein zeigen möchte und damit die Energie der Marke Real Madrid, 1. FC Nürnberg oder VfB Lübeck auf sich überträgt. Das Wappen, die Farben verwandeln ein „einfaches" Stück Stoff in

Abb. 4: Das klassische „1212" Poloshirt von Lacoste. Die Marke steht nicht zufällig für sportliche Eleganz; der Firmengründer René Lacoste hat während seiner Tenniskarriere zehn Grand Slam-Titel gewonnen.

Quelle: Lacoste S. A./Foto: Irving Penn

ein *besonderes* Stück Stoff, welches – für bestimmte Personen – eine klare Aussage hat. Genauso funktioniert die Marke: Ein Produkt wird durch eine Leistung mit sozialer Energie aufgeladen.

Erinnerungen, Gefallen, Gewohnheit, Orte, Beobachtungen, Erlebnisse, persönliche Kontakte bauen im Menschen – bewusst oder unbewusst – eine Beziehung zu bestimmten Angeboten auf. Das eigene Wissen um die Vorzüge der Marke verleiht dem Produkt eine besondere Form der „Weihe", der Faszination, die es von anderen Produkten unterscheidet: So versieht erst das kleine grüne Krokodil auf der linken Brustseite das schlichte weiße Polohemd mit einer Anziehungskraft, die es zwischen hundert anderen weißen Polohemden zu einem besonderen Produkt macht und von anderen abhebt. Mit dem Emblem haucht die Marke der Ware ihre „Seele" ein und erhöht ihre Anziehungskraft.

Der einzelne Käufer muss nicht die Historie der Marke oder ihre besonderen Qualitätsmerkmale im Detail kennen. Entscheidend ist der Wunsch, an der Markenenergie teilhaben und davon profitieren zu wollen: Es erscheint das *Positive Vorurteil* über die Marke – in Form von Beobachtungen, Ideen, Assoziationen, die mit eigenen Wünschen korrespondieren – fest eingewebt in das Hemd.

Dieses Schema ist universell, egal ob es der Knopf im Ohr eines Steiff-Teddybären, die Meerrettichfee auf dem Meerrettichglas von Schamel oder der Schriftzug Schindler am Fahrstuhl ist.

Das Produkt an sich hat über den Nutzwert hinaus keine Aussage. Erst verlässliche Leistungen verleihen dem Produkt – über den Nutzwert hinaus – Inhalt und machen es zu einer Marke.

Das Produkt ist das Ergebnis der Leistung des Unternehmens. Unabhängig davon, ob ein Betrieb Badezimmerarmaturen, Pullover oder eine Dienstleistung anbietet. Allein das Produkt entscheidet über Erfolg oder Misserfolg der Firma. Keine ambitionierte Werbekampagne kann langfristig aus einem schlechten Produkt ein gutes machen. Durchdachte Werbung kann die besonderen Inhalte eines Produkts öffentlichkeitswirksam verstärken: Ohne eine dahinter liegende spezifische (Leistungs-)Botschaft ist sie wirkungslos.

Eine erfolgreiche Marke basiert auf dem Vertrauen der Kundschaft in ein „typisches" Produkt.

Das Produkt ist der erneuerte Vertrauensbeweis der Marke. Auch wenn die Kundschaft bereits Vertrauen in die Marke besitzt und das Produkt ohne Prüfung erwirbt, so horcht sie unweigerlich in dem Moment auf, in dem die Erwartung erstmals nicht erfüllt und die geforderte Leistung nicht (mehr) erbracht wird. Das Produkt als Ergebnis der Arbeit des Unternehmens muss das „blinde" Vertrauen der Kundschaft in die Markenleistung immer neu rechtfertigen.

Einmal gut sein reicht nicht: Es gilt, immer gleich gut zu sein. Denn die Marke kann den Anspruch auf Vertrauen nur aus der Leistung ableiten: Erfüllt das Produkt in seiner „typischen" Qualität, Aufmachung, Ausstrahlung nicht die bisherigen Erwartungen der Kundschaft, so zerstört die veränderte Wahrnehmung eine mühsam – oftmals über viele Jahre – erarbeitete Vertrauensbasis.

Beim ersten Erwartungsbruch verteidigt die Kundschaft „ihre" Marke vielleicht noch, spricht von einem einmaligen Ausrutscher, beim zweiten, spätestens beim dritten Mal beginnt der Zweifel auch bei den Anhängern für Unruhe und Abwanderung zu sorgen. Das freiwillige Bündnis mit der Marke kann jederzeit aufgelöst werden, wenn das Vertrauen in die Marke vom Produkt enttäuscht wird.

> Das Vertrauen in die Marke muss kontinuierlich Bestätigung durch das Produkt erfahren. Denn Marke ist ein freiwilliges Bündnis auf der Grundlage von Vertrauen.

2 Der Zusammenhang von Marke, Vertrauen und Positivem Vorurteil

2.1 Marke ist das Ergebnis von Vertrauen – Was eine Krawatte über die Sicherheit eines Flugzeugs aussagt

Dein Vater ist froh, weil er weiß, du bist so und so.
Und Mutter ist froh, weil sie weiß, du bist so und so.
Dein Haustier ist froh, weil es weiß, du bist so und so.
Dein Lehrer ist froh, weil er weiß, du bist so und so.
Die Freunde sind froh, alles klar, du bist so und so.

Musikgruppe „Wir sind Helden", Titel: „Soundso"

Es geht bei der Zuneigung zu Menschen und zu Marken – wie in dem Musiktitel ironisch, aber sehr treffend beschrieben – um das Wissen um vertraute Eigenschaften und den persönlichen Gefallen daran. Ein guter Name entwickelt sich, weil viele Leute positiv über einen anderen Menschen oder eben über ein Produkt sprechen und Vertrauen entwickelt haben. Das *Positive Vorurteil* über ein Produkt steht am Beginn jeder Markenwerdung: Die Eltern, die etwas für die Sicherheit der Familie tun wollen, kaufen – im Vertrauen auf das Positive Vorurteil – einen Volvo. Der Vater, der seine Kinder mit Nivea-Sonnenschutz einreibt, vertraut darauf, dass deren Haut für den Strandtag optimal geschützt ist.

Aufgabe der Produktmarke ist es, mit ihrem Namen für eine bestimmte Leistung zu bürgen – im Mittelstand ist es oftmals noch der eigene, was die Verpflichtung besonders persönlich und bindend macht.

> Mit ihrem Namen bürgt die Marke für ihre besondere Kompetenz.

Dies macht deutlich, warum es bei der Analyse von Marken unerheblich ist, wie groß oder komplex das jeweilige Unternehmen ist. Im Kleinen gelten identische soziale Gesetzmäßigkeiten wie im Großen:

- Wem vertrauen Sie eher: dem Inserat eines Handwerkers in den Gelben Seiten mit einem reißerischen Slogan oder einer Anzeige, die in klaren Worten auf die Tradition und die besonderen Schwerpunkte und Erfahrungen des Betriebes seit 1974 hinweist?
- Wem vertrauen Sie eher: der Werkstatt, die alle Fabrikate „macht", oder der zertifizierten Vertragswerkstatt?

Der eine Installateur fährt im Privatauto vor und trägt Jeans, der andere zieht vor dem Betreten der Wohnung ungefragt die Schuhe aus und trägt einen blauen Firmenoverall. Wem vertrauen Sie eher? Ob der eine Installateur die Waschmaschine fachkundiger repariert als der andere, können die wenigsten Menschen beurteilen – daher kommt dem Gesamtauftritt eine entscheidende Rolle beim Aufbau von Vertrauen zu: Bestimmte Verhaltensweisen führen automatisch zu einem Vertrauensvorschuss bei den Nicht-Experten und helfen dem Unternehmen, die eigene Kompetenz zu belegen. Der Kunde fühlt die Richtigkeit seiner Entscheidung für diesen Betrieb bekräftigt und wird seine Erfahrung – bei entsprechender Leistung – gerne weitergeben, denn er beweist damit im Bekanntenkreis seine persönliche Kennerschaft.

Im wirtschaftlichen Wettbewerb, in dem oft blitzschnelle Entscheidungen gefragt sind und Zeit grundsätzlich knapp ist, kommt hinzu, dass Vertrauen hilft, die Transaktionskosten zu senken und Investitionen zu minimieren: Dies gilt sowohl für den Endkunden als auch für Wiederverkäufer, Geschäftspartner und eigene Mitarbeiter. Der Volkswirtschaftler Carl Christian von Weizsäcker hat in dem Zusammenhang darauf hingewiesen, dass gerade in Zeiten der Globalisierung das wirkungsvollste und preiswerteste Mittel der Kundengewinnung Vertrauen ist.

Der Markensoziologe Alexander Deichsel sieht im Vertrauen die Überlebensgarantie im Markt, weil auch im Zeitalter rasanter elektronischer Kommunikation die schnellste soziale Geschwindigkeit das Vertrauen bleibt: Das Ziel der Markentechnik ist das „blinde Vertrauen" beim Kunden, der das Produkt – ohne lange Vergleiche zu Mitbewerbern anstellen zu müssen – ohne nachzudenken kauft, weil er darauf vertraut, dass sein Geld gut angelegt ist.

> Eine Marke bildet sich durch das Vertrauen, das die Kundschaft zu der Leistung eines Unternehmens entwickelt. Der Name des Unternehmens ist mit dieser besonderen Leistung untrennbar verbunden.

Abb. 5: *VW Käfer-Werbung: Ein Auto als fahrender Vertrauensbeweis. Bis heute profitiert die Marke VW von dem mit diesem Fahrzeug weltweit aufgebauten Positiven Vorurteil in die Produktleistung.*

Quelle: Volkswagen Aktiengesellschaft

2.1.1 Der Auftritt der Marke als Vertrauensbeweis

„Nur der Schein trügt nie“, wird der englische Schriftsteller Oscar Wilde zitiert – für die Marke bedeutet dies, dass der Mensch auf Bilder, auf Eindrücke angewiesen ist, um grundlegende Orientierungen zu entwickeln.

Ein Beispiel aus der Markenwelt: Zwischen der technischen Sicherheit eines Fluggerätes und dem adretten und kompetenten Auftreten der Flugbegleiter besteht, rational betrachtet, kein direkter Zusammenhang. Dennoch: Der unrasierte Flugbegleiter in Jeans und T-Shirt kann für den Passagier kein Vertrauen ausstrahlen, er würde im Gegenteil aktiv zur Verunsicherung beitragen – wenn er überhaupt in seiner Funktion erkennbar wäre. Auch der Lieferwagen einer Firma, die Gebäude reinigt, sollte niemals schmutzig sein. Bei C&A dürfen Verkäufer bis heute keinen Vollbart tragen, weil ein Bart behäbig wirkt. Dies setzte die Unternehmensleitung sogar gerichtlich durch. Man mag dies persönlich bedauern und als ungerecht empfinden, aber Marke ist kein demokratisches System.

Der Mensch kann nur von konkreten Dingen abstrakte Urteile ableiten – eine Reinigungsfirma, deren Fahrzeuge ungewaschen sind, lässt nur einen negativen Rückschluss auf deren Leistung zu. Wenn Penny seine Waren plötzlich in großzügig gestalteten Märkten mit viel Personal und ohne aufgerissene Pappkartons verkaufte, so würde dies die Vorstellung von Penny als einem Anbieter sehr preiswerter Lebensmittel angreifen – die Kundschaft kann sich nicht mehr vorstellen, dass hier wirklich die billigsten Produkte angeboten werden. Es wird sich zeigen, wie sensibel die aktuell stattfindende „Verschönerung" von Penny-Geschäften mit Kernelementen der Marke umgeht und welchen Einfluss sie auf die zukünftige Wahrnehmung des Discounters nimmt. Der Werbeeinsatz von US-Comicfiguren (Looney Tunes) trägt in keinem Fall zur leistungsernsten Wahrnehmung einer Marke bei, die ihren Kunden qualitativ hochwertige Lebensmittel zu einem günstigen Preis verspricht: Was konkret haben lustige Comicfiguren mit dem seriösen Verkauf von Lebensmitteln zu tun? Ganz konkret: Nichts. Außer dem Rückschluss, dass die Marketingabteilung von Penny anscheinend zu viel Geld für Sperenzien über hat. Auch der Eingangsbereich einer Versicherungszentrale oder Krankenkasse, der Luxus ausstrahlt, weil Ledersessel in den Gängen stehen und teure Kunst an den Wänden hängt, ruft beim Kunden leicht das folgende Urteil hervor: Hier werden meine Beiträge vergeudet.

Marke ist immer konkret: Der Kunde kann sich nur über konkrete Dinge (s)ein Urteil über die Marke bilden bzw. sich (s)ein Bild von der Marke machen.

Der Laie muss vom äußeren Eindruck auf die zu erwartende Leistung schließen – er hat keine andere Wahl, um sich orientieren zu können. Wird das Vertrauen an einer Stelle der Kette irritiert oder gar enttäuscht, ist der „schöne Schein" zerstört.

Dem ersten Eindruck kommt dabei besondere Relevanz zu. Der unfreundliche Verkäufer, der arrogante Juniorchef, die gelangweilte Serviererin – individuelle Momentaufnahmen und spontane Eindrücke mit verheerenden Folgen für die Marke.

Die nur halbjährlich vorgenommene Reinigung des Firmenwagens spart bares Geld, und viele Menschen finden einen Discounter ästhetisch nicht ansprechend, aber jede Marke gehorcht ihren eigenen Ge- und Verboten: Sie sind grundlegend für den Bauplan einer Marke.

Abb. 6: Klare Aussage (ohne Worte): Hier ist es preiswert.

Quelle: dpa
Foto: Patrick Pleul

Abb. 7: Klare Aussage (ohne Worte): Hier ist es teurer.

Quelle: dpa
Foto: Frank Hoermann/Sven Simon

Die Marke muss dem erarbeiteten Vertrauen der Kundschaft an jedem Auftrittspunkt entsprechen und es damit stärken. Jede Marke hat ihr eigenes Programm.

2.1.2 Vertrauensbrüche sind Gift für die Marke

Lediglich ein Fachmann kennt sämtliche Fakten über ein bestimmtes Produkt, aber kein Mensch ist Experte auf allen Gebieten – daher müssen wir im Alltag häufig auf die Urteile anderer vertrauen. Hier besitzen das Unternehmen und seine Marke eine besondere soziale Verpflichtung. Vertrauensbrüche haben negative Folgen und können selbst eine stabile Kundschaftsstruktur verstören: Der Fall der A-Klasse von Mercedes-Benz ist ein solches Beispiel, aber auch der Großhändler, der seine Liefertermine nicht einhalten konnte. Selbst wenn danach alles reibungslos abläuft, weil konzentrierter und mit geschärftem Blick an den Problemen gearbeitet wurde, vergehen Jahre, bis das Geschehen in Vergessenheit gerät: Der Begriff „Elchtest“ wird noch lange als Makel mit der Marke Mercedes in Zusammenhang gebracht werden, völlig unabhängig von allen PR-Anstrengungen, um das Geschehen nachträglich in einem besseren Licht darzustellen. Die einstige Aura technischer Unfehlbarkeit von Mercedes ist auf lange Zeit zerstört. Auch der Großhändler wird die nächsten Jahre von den Einkäufern immer wieder mit Geschichten und Gerüchten bezüglich seiner Zuverlässigkeit konfrontiert werden.

Die geschilderten Vorfälle zeigen die Anstrengung und Akribie, die zum erfolgreichen Erhalt des Vertrauens erforderlich sind: Mit seiner Entstehung ist eine Verpflichtung für das gesamte Unternehmen erwachsen.

> Markenarbeit ist Detailarbeit. Jede Abweichung vom gewohnten Bild kann unkalkulierbare Folgen für die gesamte Marke haben.

Im soziologischen Verständnis ist jedes etablierte Unternehmen spezifisch. Über seine Handlungen von der Gründung bis zum heutigen Tag hat es eigene Strukturen, Eigenschaften und Verhaltensweisen entwickelt, die es bewusst oder unbewusst pflegt. Beim Gang durch verschiedene Unternehmen bzw. über verschiedene Firmengelände wird sofort spürbar, dass jedes Unternehmen über eine ganz eigene Kultur verfügt.

Jedes Unternehmen ist durch Besonderheiten und Eigenarten gekennzeichnet. Der Kunde weiß: Aldi ist nicht Lidl, Plus oder Penny, obwohl alle Firmen preiswerte Lebensmittel anbieten. Erasco ist nicht Sonnen-Bassermann, obwohl beide Firmen Kartoffelsuppen herstellen. McDonald's ist nicht Burger King, obwohl die Speisekarte ähnliche kulinarische Angebote bereithält.

> Ein Vorurteil ist schwerer zu spalten als ein Atom.
>
> *Albert Einstein*

2.1.3 Wissenschaftlicher Hintergrund: Das Vorurteil

Für die erfolgreiche Marke ist diese von Albert Einstein beschriebene Tatsache ein Segen, sie lebt von dem mit ihr verbundenen Positiven Vorurteil. *Im Allgemeingebrauch und in der Forschung wird das Vorurteil meist von seinen negativen Facetten her beleuchtet. Durch die Tatsache, dass ein Vorurteil ein Urteil vor der persönlichen Prüfung ist, scheint es verwerflich. Dies hat nachvollziehbare Gründe:*

1. Der moderne Mensch betrachtet sich als rationales aufgeklärtes Wesen. Die Vermutung, dass er emotional gesteuert ist, erscheint ihm unattraktiv. Eine Umfrage des Institutes für Demoskopie in Allensbach förderte zutage, dass nur 21 Prozent aller Befragten annahmen, dass ihre Entscheidungen und Urteile auch unbewussten, irrationalen Beweggründen unterlägen. 53 Prozent lehnten diese Vermutung ab.

2. Vorurteile haben innerhalb der Weltgeschichte zu grausamsten Erscheinungen geführt. Populäre, abwertende Vorurteile über Völker illustrieren Langlebigkeit und Widerstandskraft der Spezies: „die hässlichen Deutschen“, „die arroganten Franzosen“ oder „die chaotischen Italiener“. Die Energie eines sozial verankerten Vorurteils lässt sich nur äußerst schwer ins Wanken bringen. Der Grund dafür ist, dass Vorurteile das Ergebnis gewachsener Interpretationsmuster einer kulturellen Gemeinschaft sind – kollektive Überzeugungen, die von einer Generation an die nächste weitervererbt werden: Ein auf diese Weise gefälltes Urteil lässt sich nicht mit ethischer Vernunft oder wissenschaftlicher Logik anfechten.

Gemeinsame Interpretationsmuster und soziale Vererbung zeigen eine weitere Eigenschaft des Vorurteils auf: Es stabilisiert die Gruppe, denn es beinhaltet den Wunsch, die Außenwelt aus eigener Sicht zu ordnen und zu verstehen. Der Soziologe Max Horkheimer machte bereits 1963 deutlich, dass im „Dschungel der Zivilisation“ angeborene Instinkte nicht ausreichen, um Situationen einzuordnen.[1] *Erst die „Maschinerie der Vorurteile“ ermöglicht uns so scheinbar profane Dinge wie den Wechsel der Straßenseite oder die erfolgreiche Bedienung von Kundenwünschen.*

Vorurteile sind daher – sachlich betrachtet – nicht nur eine natürliche Reaktion des Menschen auf seine Umwelt, sondern eine entscheidende Hilfestellung: Ein Einkauf im Supermarkt wäre eine Qual, wenn wir jedes einzelne Produkt testen müssten – weil wir uns ohne Vorurteile nicht darauf verlassen könnten, ob der Danone-Joghurt genießbar ist oder ob sich tatsächlich Erbsensuppe in der Blechdose mit der Aufschrift „Deftige Erbsensuppe“ befindet. Jede erfolgreiche Marke ist ein Positives Vorurteil, *denn sie genießt durch ihre Vor-Leistung ein Vor-Vertrauen darauf, dass ein Produktversprechen tatsächlich eingehalten wird.*

2.2 Marke ist Positives Vorurteil – Warum ein Mercedes „irgendwie sicher“ ist

Über jedes Unternehmen bilden sich im Laufe der Zeit Urteile: Ein erfolgreiches Markensystem lebt von den positiven Bewertungen seiner Nutzer. Im besten Fall etabliert sich dadurch ein *Positives Vorurteil*. Eine Marke verdankt ihre Existenz den *Positiven Vorurteilen* der Verwender über das Produkt – ohne diese verbreitete Kenntnis wäre auch ein Mercedes nur ein Fahrzeug mit einem abstrakten Stern auf dem Kühler.

Marke bedeutet, dass ein übergreifendes Wissen über die guten Leistungen eines Unternehmens besteht: ein *Positives Vorurteil*. Das *Positive Vorurteil* über eine Marke reduziert den Energieaufwand für das Unternehmen, um Menschen von der eigenen Leistung zu überzeugen: Es schafft Vertrauen – die optimale Grundlage für jeden Kaufvorgang.

Mit dem *Positiven Vorurteil* innerhalb der Kundschaft ist Kalkulationssicherheit eingetreten – das wirtschaftliche Ziel jedes Markenaufbaus.

2.2.1 Der Aufbau eines Positiven Marken-Vorurteils

Wie ein *Positives Vorurteil* als Resultat konkreter Leistungen über die Zeit entsteht, soll hier am Beispiel der Marke Mercedes-Benz und ihrer Beiträge zur Sicherheit im Automobilbau gezeigt werden.

Die Markentechnik spricht vom *Ursache-Wirkungs-Prinzip.* Aus den konkreten Eigenschaften der Fahrzeuge bilden sich Vorurteile über die Produkte aus dem Hause. Das vorgestellte Beispiel soll lediglich einen Aspekt (von vielen) des Markensystems Mercedes-Benz beleuchten.

Die Marke kann von ihrer Gründung 1926[2] bis heute auf zahlreiche wegweisende Beiträge zum Schutz und zur Sicherheit der Fahrzeuginsassen verweisen. Die hier aufgelisteten Beiträge bzw. Erfindungen sollen auszugsweise verdeutlichen, dass die Marke es vermocht hat, über einen langen Zeitraum wiederholt innovative Leistungen in diesem Bereich zu erbringen. Auf Basis der Leistungen hat sich ein übergreifendes Vorurteil gebildet: Ein Fahrzeug von Mercedes ist sicher.

Seit über 80 Jahren gibt es weltweit Presseberichte, Werbung, Bücher, Geschichten und Bilder, die dieses Thema aufgreifen und die dazu geführt haben, dass sogar Personen, die sich überhaupt nicht für Autos interessieren, heute wissen: Die Marke Mercedes steht für Sicherheit. Aus konkreten Tatsachen ist ein abstraktes Urteil entstanden, das sich in vielen persönlichen Meinungen, Urteilen und Ansichten widerspiegelt.

Das *Positive Vorurteil* über die Kompetenz eines Handwerksbetriebs mag nur in einer bestimmten Region, einer Stadt oder Gemeinde existieren – für den wirtschaftlichen Erfolg ist allein die soziale Dichte des Vorurteils entscheidend, das heißt die Eindeutigkeit der positiven Beurteilung. Auch ein junges Unternehmen kann innerhalb weniger Jahre ein *Positives Vorurteil* über die eigene Leistung verankern – wenn eindeutig und schlüssig gehandelt wird.

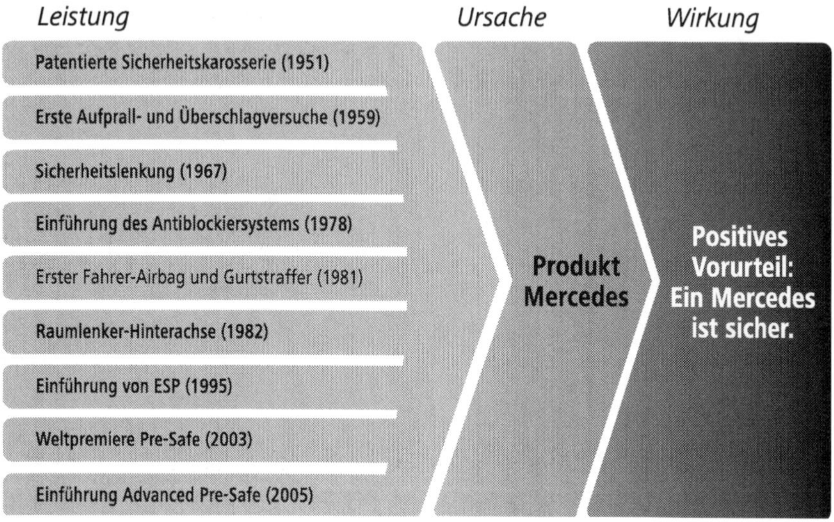

Abb. 8: Jede erfolgreiche Marke beruht auf diesem Ursache-Wirkungs-Prinzip: Unabhängig von der Größe des Unternehmens und der Reichweite seiner Leistungen – ob regional, national oder international.

Quelle: Büro für Markenentwicklung

> Je eindeutiger die Leistung, desto leichter kann das Positive Vorurteil über die Marke verankert werden.

Ein Beispiel: Am Hamburger Jungfernstieg 46 befindet sich das traditionsreiche Modehaus Stegmann, das seit 1882 am Markt ist. Es gibt viele Modehäuser, aber seinen Ruf „große Auswahl" über Hamburg hinaus verdankt es einer konkreten Eigenschaft: einer Auswahl an ursprünglich 50 000 verschiedenen Knöpfen, weißen Blusenkragen, Manschetten, Bändern, Futterstoffen, aber auch eleganten Gürtelschnallen. Heute sind es noch 15 000 Muster, jedoch steht das „Haus der Knöpfe" damit bis heute unangefochten für das Merkmal Auswahl.

2.2.2 Das Vorurteil als Hilfestellung

Eine Marke muss mit Vorurteilen arbeiten, denn kein Unternehmen kann jedem Einzelnen erklären, was genau die Vorzüge der eigenen Klebstifte sind – und der Einzelne ist meist erleichtert, wenn er sich das Leben nicht

Abb. 9: Mit vielen Knöpfen zum Erfolg: Das Modehaus Stegmann.

Quelle: Stegmann GmbH Mode & Accessoires

zeitaufwändig mit Detailwissen über Gebrauchsgegenstände erschweren muss: Vorurteile helfen dabei im positiven Sinne. Sie bedeuten Vereinfachung, weil sie individuelle Handlungen vieler Menschen zu einem groben, aber eindeutigen Bild zusammenfassen – vergleichbar einer Aufnahme mit der Digitalkamera, deren Grobkörnigkeit nur ersichtlich ist, wenn ein Detail nah herangezoomt wird und das zuvor klare Gesamtbild in Millionen einzelne Pixel zerfällt.

Die wenigsten Menschen interessiert die Marke an sich: Marke stellt eine Leistung zur Verfügung, der für ein bestimmtes Problem Lösungskompetenz zugesprochen wird. Positive Vorurteile geben dabei Orientierung.

Der tägliche Ansturm von Angeboten in der modernen Welt und die Notwendigkeit, Entscheidungen zu treffen, ist meist nur mit Hilfe von Vorurteilen möglich. Der Mensch wäre ohne ihre Existenz handlungsunfähig – der Versuch, die Millionen Pixel jeder Digitalaufnahme einzeln zu betrachten, würde ihn überfordern. Der Kommunikationswissenschaftler Hans J. Kleinsteuber beschreibt dies als *„Ökonomie der Wirklichkeitsverarbeitung, der wir angesichts überwältigend komplexer Sachzusammenhänge nicht zu entgehen vermögen.“*[3]

Zum Denken benötigt der Mensch Kategorien: In diesem Verständnis ist, ein Vorurteil keine Verfehlung menschlicher Toleranz, sondern Grundvoraussetzung, um im Alltag den Überblick zu behalten. Unabhängig davon, ob es im Gespräch um oberflächliche Amerikaner, wackelige Ikea-Schränke oder die technische Kompetenz einer Autowerkstatt geht.

Die Marke muss mit Vorurteilen arbeiten: Sie kann nicht jedem Käufer alle Produkteigenschaften erklären.

Es bedarf grober Fehler, um Positive Vorurteile in der Kundschaft – die oft bereit ist, ihr persönliches Urteil gegen andere Meinungen und Marken vehement zu verteidigen – nachhaltig zu erschüttern oder zu zerstören. Vorurteile sind Werkzeuge, um Unternehmen erfolgreich im Markt zu führen und spezifische Leistungen langfristig zu verankern.

Vorurteile bündeln kollektive Meinungen und verfügen daher über starke soziale Energien. Die Markensoziologie nutzt diese Energien, um Unternehmensleistungen in *Positive Vorurteile* über die Marke zu verwandeln.

2.2.3 Die Kundschaft als kostenloser Dauerwerbeblock

Kundschaft beschreibt im markensoziologischen Verständnis die an die Marke gebundene Käuferschaft, die sich in ihrem guten Urteil einig ist. Vorurteil und Marke werden – wie beschrieben – innerhalb der Kundschaft erzeugt und stabilisiert. Die Kundschaft entwickelt mit ihrer Einschätzung das Bild der Marke und verbreitet ihre gute Meinung weiter. Die Kundschaft ist somit nicht nur Träger, sondern auch kostenloser Multiplikator des *Positiven Vorurteils* und erzeugt durch Weitergabe ihrer Erfahrung Neukundschaft. Die andauernde Fürsprache führt zur – wie Hans Domizlaff es formuliert – „Gewinnung des öffentlichen Vertrauens“, dem Ziel der Markentechnik.

Bei Praktiker kauft man zu einem günstigen Preis, die Sparkasse ist ein verlässlicher Finanzpartner – extrem wichtig in Zeiten von Finanzkrisen – und mit dem Kauf einer Rosner-Hose kann auch der Modemuffel nicht viel verkehrt machen. Populäre Vorurteile, die die soziale Übertragungsgewalt von positiver Erfahrung über die Kundschaft hinaus illustrieren. Aus diesem Grund ist es entscheidend für jedes Unternehmen, immer wieder auf die eigene Leistung hinzuweisen, um das Bewusstsein der Kundschaft für die besondere Kompetenz der Marke wach zu halten.

Nur Kontinuität entwickelt Bindungskräfte: In einer werbe- und reizüberfluteten Umwelt ist ausschließlich die eindeutige und dauerhafte Signalstruktur erfolgreich. Marlboro wirbt seit 1965 mit dem Slogan *„Come to where the flavour is“*[4], die Allianz-Versicherung hat den Slogan „Hoffentlich Allianz versichert“ von 1957 – nach einer Pause von 28 Jahren – 2003

1931

1986

2001

2007

Abb. 10a–d: Nivea Werbung 1931 bis 2007 – anders und doch ähnlich.

Quelle: Beiersdorf AG Hamburg

wieder reaktiviert, Peter von Frosta erscheint unsterblich, und Nivea-Produkte sind – beginnend 1924 mit der Cremedose – blau mit weißer Schrift gestaltet. Diese Kontinuität der Signale bestätigt nicht nur Vorurteile in der Kundschaft, sondern erschafft fortlaufend weiteres Anziehungspotenzial.

2.3 Das negative Vorurteil als Gefahr für die Marke – Warum Ryanair immer pünktlich sein muss

Durch das Gespräch über die Zuverlässigkeit einer Bank oder die Pünktlichkeit von Ryanair wird die Energie des Markensystems verdichtet. Allerdings kann auch der umgekehrte Fall eintreten: Die gute Meinung beginnt zu bröckeln, schleichend setzt eine Korrosion des guten Rufes ein, solange bis sich das *Positive Vorurteil* im Gedächtnis der Öffentlichkeit in das Gegenteil verkehrt: Das negative Vorurteil – mit umgekehrten Folgen. Denn selbstverständlich verfügt es über identische, ebenso hartnäckige Eigenschaften: Wenn erst einmal bekannt wurde, dass ein als hochpreisig bekanntes Produkt beim Discounter in der Schütte gelegen hat, dann kommt es dort nur sehr schwer wieder heraus. Dies belegt erneut, wie entscheidend die Kundschaft als primärer Träger von Meinung und Information über die Marke wirkt: Sie verbreitet und wertet Botschaft und Idee des Markensystems.

Der Energieträger Kundschaft zeigt sich auch bei einer Bekleidungsmarke wie ZARA, die noch nie klassisch geworben hat – noch nicht einmal bei Eröffnung einer neuen Filiale. Die Marke schaltet keine Anzeigen, druckt keine Prospekte und setzt kaum Plakate ein. Die einzige Form der Werbung: ZARA investiert in die Gestaltung der Schaufenster. Der gute Ruf und der Erfolg des Unternehmens sind Ergebnis der Kommunikation von Kunden über die besondere Leistung der Marke. Inzwischen bestehen über über 5 500 ZARA-Filialen weltweit.

Noch fundamentaler in seiner Werbeabstinenz agiert das erfolgreiche Edel-Modelabel Commes des garçons. So eröffnet das japanische Bekleidungsunternehmen „Guerilla-Stores“, die nur für kurze Zeit bestehen und in meist sehr unüblichen Umfeldern wie alten Lagerhallen oder verlassenen Geschäften entstehen. Das erste dieser Geschäfte eröffnete 2004 in einem alten Buchladen in Berlin, der mit einem Einsatz von lediglich 3 100 Euro umgestaltet wurde. Weitere Guerilla-Stores entstanden jeweils für ein Jahr in Barcelona, Warschau, Singapur, Hongkong, Reykjavik, Stockholm, Kopenhagen, Helsinki, Glasgow, Köln, Basel, Athen, Krakau, Den Haag und Beirut – wobei keinerlei Investitionen in die Werbung getätigt werden. Das plötzliche Vorhandensein dieser Shops spricht sich kostenfrei herum und beschert der Marke weltweite Aufmerksamkeit.

Vollkommen ohne Branding kommt die japanische Designmarke Muji seit mehr als 30 Jahren aus. In sechzehn Ländern mit mehr als 400 Filialen aktiv, erwirtschaftet Muji mit minimalistisch anmutenden Büroartikeln, Kleidung und Möbeln mehr als eine Milliarde Euro. Der Name der Marke ist dabei Programm: Muji ist die Kurzform von Mujirushi Ryōhin, was in deutscher Sprache soviel bedeutet wie: „Keine Marke, gute Produkte“. So trägt kein einziges der mehr 7000 Artikel das Logo des Unternehmens. Das „Nicht-Präsentieren“ ist zu einem Teil der Markengestalt geworden und wird von den betont labellosen Kunden regelrecht eingefordert.

3 Die Rolle von Kundschaft/Gemeinschaft für die Marke

3.1 Marke ist Masse – Was leere Discotanzflächen und Menschentrauben auf der Piazza della Signoria bewirken

Warum klebt auf dem viel verkauften Buch ein Sticker mit dem Wort „Bestseller"? Warum wirbt ein Musicalplakat mit dem Zusatz „Schon über 4 Millionen Zuschauer"? Warum sorgt der erfahrene Restaurantchef dafür, dass die ersten Gäste des Abends im von außen einsehbaren Teil des Restaurants sitzen? Warum bringt der Immobilienmakler ein großes Schild an der neuen Wohnanlage an: „Schon 90 Prozent der Appartements verkauft"? Und warum verdeckt ein Vorhang den Blick auf die noch leere Tanzfläche eines Clubs?

Die Antwort ist für den Markensoziologen eindeutig: Masse zieht Masse an. So heißt es auch – vereinfacht dargestellt – in der Newtonschen Gravitationstheorie. Diese Vorgabe aus den Naturwissenschaften liegt jedem erfolgreichen Unternehmen zugrunde.

Für die gähnend leere Diskothek bedeutet dies: Wenn niemand hier tanzt, will auch kein anderer hier tanzen. Umgekehrt besagt es: Eine Touristenattraktion wie die David-Statue auf der Piazza della Signoria in Florenz zieht die meisten Reisenden nicht wegen ihrer künstlerischen Formvollendung an (kein Laie kann dies bewerten) – die Touristen pilgern dorthin, eben weil viele Menschen bereits an diesem Ort waren bzw. dort sind.

Ein Objekt, das viele Menschen fasziniert, zieht unweigerlich weitere Menschen in seinen Bann. Der Wunsch nach Teilhabe am Leben, die Neugierde auf besondere Dinge, die Angst, etwas zu verpassen, sind typische Beweggründe für Menschen, anderen Menschen zu folgen. So schreibt Chad Hurley, einer der drei YouTUBE Gründer: *„Jeder will sehen, was alle sehen, woran alle Spaß haben."* Und der Buchhändler Amazon lässt es sich nicht nehmen, das ständig aktualisierte Verkaufs-Ranking seiner Produkte gut sichtbar zu veröffentlichen, während der Lebensmitteldiscounter Penny in seinen Prospekten die „Penny-Bestseller" unter folgender Beschreibung veröffentlicht: *„Von unseren Kunden gern gekauft! Die Penny-Bestseller sind die beliebtesten Artikel unserer Kunden. So können auch Sie bei die-*

sen gekennzeichneten Produkten guten Gewissens zugreifen – denn was gibt es Besseres als die Empfehlung von vielen anderen Kunden."

Ob Massenaufläufe bei der Präsentation des neuen Harry Potter, des iPhone oder einer Musical-Premiere, immer ziehen uns Dinge an, die für andere Menschen auch begehrenswert sind, selbst wenn es ein geflüsterter Geheimtipp ist. Es ist für den Einzelnen keine angenehme Feststellung, aber der Mensch ist – soziologisch betrachtet – ein Massewesen. Der Markensoziologe weiß, dass der Mensch erst durch den Menschen zum Menschen wird. Für die Marke ist dies ein Segen: Sie lebt davon.

Die zufriedene Kundschaft zieht weitere Kunden an. Sie vermehrt sich selbstständig.

3.1.1 Wissenschaftlicher Hintergrund: Die Masse

Der Begriff Masse wird oft mit einer enthemmten Menschenansammlung gleichgesetzt, die auf aggressive Weise versucht, ein bestimmtes Ziel durchzusetzen. Der Mensch in der Masse ist kein Individuum mehr, Masse und Individuum erscheinen unvereinbar. Auch in der frühen Sozialwissenschaft am Ende des 19. Jahrhunderts zeichnen diverse Autoren ein solches Bild, grauenhafte Ereignisse der jüngeren deutschen Geschichte haben die negative Wahrnehmung noch verstärkt.

Für den Markensoziologen der Gegenwart ist diese Interpretation unzureichend, weil eine Masse nicht nur durch eine örtliche Ansammlung von Menschen entsteht: Soziale Masse entsteht ebenso, wenn viele Menschen Anhänger einer Idee sind und sich geistig miteinander verbunden fühlen. Die Anhänger einer Partei oder Glaubensrichtung können nicht ständig an einem Ort versammelt sein.

Dies verdeutlicht, warum der Einzelne im Alltag der modernen Welt der Teilhabe an Masse nicht entkommen kann. In der westlichen Kultur ist das Individuum ständig Bestandteil von unterschiedlichen Massen: Beim Arzttermin ist es für den behandelnden Mediziner Teil einer Masse von Patienten, bei der Heimfahrt im privaten Pkw ist es Teil der Masse von Autofahrern und beim Fußballspiel am Abend sitzt es allein auf dem Sofa und jubelt doch mit der Masse der Bayern-Fans. Ob räumlich getrennt oder räumlich vereint, der Mensch ist ständig in soziale Masse(n) eingebunden. Der Soziologe Georg Simmel beschreibt bereits 1908, wie der Mensch sich den ganzen Tag an den Schnittstellen einer großen Anzahl von „sozialen Kreisen" bewegt, die Anzahl der Kreise sieht er als Gradmesser für den Entwicklungsgrad der jeweiligen Kultur. Einige der sozialen Kreise hat das Individuum sich selbst ausgewählt und freut sich über die Teilnahme und die vielfältigen Auswahlmöglichkeiten. In diesem Verständnis zeigt sich auch, dass Masse und Individuum kein Widerspruch sind, sondern einander bedingen: Mit Freude sind wir (und viele andere) Anhänger „unseres" Heimatstadtvereins und fühlen uns trotzdem mit dieser Eigenschaft individuell.

Dies zeigt die Relevanz von Masse für die Marke: Jede Kundschaft ist gemeinschaftliche Masse. Marke ist das Angebot, an einer bestimmten Masse teilzuhaben, Mitglied einer Marken-Gemeinschaft zu sein, sich aber gleichzeitig gegen andere Marken-Gemeinschaften abzugrenzen.

3.1.2 Die Kundschaft vererbt das *Positive Vorurteil*

Die besondere Beziehung zu einem Produkt, sein Einsatz im Alltag, wird nicht nur durch Erfahrungsberichte, sondern auch durch Beobachtung und Imitation vererbt – ebenso wie auch Sitten und Gebräuche an die Nachkommen weitergegeben werden: Der Saab in der Auffahrt, das Schwarzkopf-Shampoo im Bad, die Maggi-Würze in der Küche – bestimmte Dinge, die irgendwann aus dem persönlichen Alltag nicht mehr wegzudenken sind und von den Kindern in der Folge mit eigener Jugend in Verbindung gebracht werden. Nicht umsonst behauptet die Marke Siemens in ihrer Werbung: „Wir gehören zur Familie." Der Vorurteilsforscher Gordon W. Allport beschreibt diese Erfahrung: *„Sicherlich sind wir manchmal gelangweilt durch die immer gleiche Routine des Alltags, aber die wesentlichen Werte unseres Lebens haben ihre Kraft gerade durch die Vertrautheit. Und mehr noch, alles Vertraute hat die Tendenz zum Wert zu werden."*[5] Nur auf diese Weise bilden sich soziale Bindungen. Der Prozess funktioniert bei Marken und Menschen wie zwischen Menschen untereinander: Die soziale Energie solcher übernommener Vorgänge kräftigt den Einzelnen und gibt ihm Sicherheit in einem immer komplexer werdenden Alltag.

> Produkte können veralten – daher gibt es einen Produktzyklus. Im Gegensatz dazu gibt es keinen Markenzyklus: Marke existiert zeitunabhängig – die Kundschaft vererbt ihr gutes Urteil über Generationen weiter.

Weil Ideen und Einschätzungen überliefert werden, können besonders starke Marken über Jahrhunderte existieren. Es sind markensoziologische Mechanismen, die es einer Marke wie Burberry ermöglichen, seit 1856 erfolgreich Kleidung zu verkaufen, oder einer über einhundert Jahre alten Marke wie Coca-Cola, weltweit Limonade anzubieten – und dabei immer noch als jugendlich zu gelten. Keiner der ersten Kunden lebt noch, und doch hat sich die Botschaft der Marke zeitgemäß vererbt.

Beispiele, die klarmachen, dass es für jedes Unternehmen entscheidend ist, die Bemühungen auf die Kundschaft als Wissens- und Energieträger der Markenbotschaft zu fokussieren, um den gemeinschaftlichen Konsens zu erhalten und klare Vorstellungen im Markt zu verankern.

3.1.3 Die Kundschaft ist das Gedächtnis der Marke

Abb. 11: Der alte und der neue Fiat 500 in einer Werbung: Der alte Wagen gibt Energie für den „Neuwagen".

Quelle: FIAT Deutschland

Die zeitunabhängige Wirkung von Vorurteilen führt dazu, dass besondere Markenleistungen nicht vergessen werden und etliche Jahre später, in denen die Leistung nicht erbracht wurde, sich Menschen bei Wiederbelebung erneut an die Leistung erinnern. Auf diesem Wege kann eine „schlafende Marke" sofort wieder zum Leben erwachen, weil Menschen sich freudig erinnern: So erkennen Anhänger der Marke Citroën in dem Mehrzweckfahrzeug „Pluriel" zwanzig Jahre nach Einstellung der 2CV-Produktion eine moderne Version des beliebten Fahrzeugs und verhelfen der Marke zu erhöhten Absatzzahlen. Der neu Fiat 500 (seit 2007) wirbt offensiv mit der Vorgeschichte der „Knutschkugel", und Kinder-Schokolade gibt eine Jubiläums-Edition mit den Bildern aller vier Kinder-Schokoladen-Jungen der letzten 40 Jahre heraus.

Abb. 12: Jubiläumspackung Kinderschokolade: den Zeitgeist mit Geschichte treffen.

Quelle: Ferrero Deutschland GmbH

Die Begeisterung, die eine solche Leistung auslöst, der Wille, das eigene Urteil und die eigene Kompetenz mitzuteilen, das ist die soziale Energie, von der Marke lebt.

> In der Kundschaft ist das Wissen über die Marke gespeichert.

Die Tatsache, dass viele Unternehmen anlässlich von Firmenjubiläen nostalgische Verpackungen herausbringen, zeigt die soziale Kraft „schlafender" Gestaltungen: historische Grünkohl-Dosen, Bonbonnieren oder Waschmittel-Verpackungen. Reedereien präsentieren ihre ersten Schiffe als Modelle im Empfangsraum. Der Kunde schließt dadurch auf die besondere Durchsetzungskraft und Vertrauenswürdigkeit des Unternehmens: Nur was gut ist, kann so lange Zeit überdauern.

> Eine Marke muss mit jedem Produkt gezielt das Bewusstsein für ihre Kompetenz und Besonderheit erfüllen und beleben: Auf diese Weise bleibt das *Positive Vorurteil* der Kundschaft erhalten und wird weitergegeben.

3.2 Das Geheimnis erfolgreicher Marken – Warum es Käfer- und Ententreffen gibt

Marke bedeutet Gemeinschaft: Auch wenn das Wort Gemeinschaft für manche Menschen altmodisch klingt, ist es eine soziale Konstante ohne Verfallsdatum – speziell für die Marke: Eine besondere Eigenschaft der erfolgreichen Marke ist, dass sie den Wunsch des Menschen nach einer Gemeinschaft von Gleichgesinnten erfüllt. Unabhängig davon, ob es um die Entscheidung zwischen Opel und Ford oder zwischen zwei Einzelhändlern um die Ecke geht: Die positive Erfahrung mit dem Rindfleisch des einen Ladens lässt uns immer wieder dort kaufen und *„auf die Qualität schwören".* Es entsteht eine Verbundenheit mit anderen zufriedenen Kunden des Ladens, die im besten Falle sogar dazu führt, dass das Geschäft gegen anders lautende Meinungen verteidigt wird: Denn mit der anderen Meinung wird auch die eigene Kompetenz im Fleischkauf angegriffen. Diese Formen von Verbundenheit mit Produkten – oder ihre Ablehnung – lenken unterbewusst viele unserer Alltagshandlungen: der Umweg, der in Kauf genommen wird, weil nur bei dem Bäcker XY die Brötchen wie frischgebacken schmecken, oder der Mehrpreis, der ohne Murren gezahlt wird, weil diese Kekse „einfach am leckersten sind". Vertrauen in die Leistung und daraus erwachsene innere Verbundenheit ist der Antrieb, der zum wiederholten Kauf führt und die Kundschaft eine Gemeinschaft werden lässt – auch wenn diese Verbundenheit meist nur in den Köpfen der betroffenen Personen existiert.

> Die Kundschaft erfolgreicher Marken bildet Gemeinschaften. Die Verbindung entsteht durch das geteilte Vertrauen in die Leistung des Unternehmens.

3.2.1 Gemeinschaft ist ein Stück Heimat

Der Wunsch nach Gemeinschaft ist tief im Menschen verankert: In der anonymen Millionenstadt lieben Menschen „ihr Viertel", in dem sie einzelne Personen und soziale Abläufe kennen. Überall sucht der Mensch nach festen, verlässlichen Verbindungen: nach Dingen, die ihm helfen, Anonymität zu vermeiden und sich einer Gruppe zugehörig zu fühlen.

Eine erfolgreiche Marke bildet einen solchen Fixpunkt. Der Erfolg von Franchiseketten wie den Starbucks-Cafés beruht zu einem großen Teil darauf, den Menschen auch in ungewohnter Umgebung eine heimatliche Enklave zu bieten.

Abb. 13: Die stolzen Fahrer von „Enten" der Marke Citroën formieren sich „gemeinschaftlich" zu der offiziellen Modellbezeichnung 2CV.

Quelle: CITROËN Deutschland AG

Die Gewöhnung an bestimmte Produkte im Alltag ist eines der stärksten unbewussten Marken-Kaufargumente. Auch wenn es niemand gerne selbst zugibt: Der Mensch ist ein Gewohnheitstier – und das ist auch gut so. Ohne vertraute Dinge sind wir sozial haltlos und können uns zudem viel schwerer auf neue Dinge einlassen. Eines der eindrucksvollsten Beispiele hierfür im Themenfeld Marke ist das Wiederaufleben zahlreicher Ostmarken auf dem Gebiet der ehemaligen DDR einige Jahre nach der Wende: Enttäuscht und desillusioniert vom Westen und seinen „goldenen Produkten" kam es in den neuen Bundesländern zu einem Revival vieler einst verpönter Ostmarken, denen jetzt im Nachhinein eine starke soziale Bindungsfunktion zukam: Ein Stück Heimat wurde über die vertraute Produktwelt reaktiviert. Es entstand eine Produkt-Gemeinschaft Ost und teilweise auch eine neue Produktmauer zum Westen – viele der Ostprodukte schaffen den Weg in den West-Supermarkt nicht (Vgl. dazu: Errichiello/Zschiesche: Erfolgsgeheimnis Ost: Survival-Strategien der besten Marken).

Wenn die Marke VW zum Verkaufsjubiläum des VW-Golf eine Anzeigenkampagne schaltet, die Bilder von Golffahrzeugen aus vier Jahrzehnten untertitelt mit dem Satz: *„25 Millionen Golf. Wir freuen uns über jeden ein-*

Abb. 14: Der „alster-radio Schwarz Hörer Club" vergibt alster radio-Schwarzhörer-Shirts, um das Gemeinschaftsgefühl mit den Hörern zu stärken.

Quelle: alster radio GmbH & Co. KG.

zelnen", ist dies ein Beleg für den Willen der Marke zur Gemeinschaft mit ihren Käufern.

Jede Gemeinschaft besitzt Bindungspotenzial: Das Wertschöpfungssystem Marke versucht zu den Käufern ein Sozialverhältnis aufzubauen, das Züge einer Gemeinschaft trägt. Dabei ist es für die Bildung von starken Systemen vollkommen unerheblich, ob es sich um Marken, Parteien oder Volleyballvereine handelt. Die soziologischen Gesetze der Systemstärkung sind strukturell stets identisch.

Ein extremes Beispiel für Gemeinschaftsbildung ist eine Marke wie Harley-Davidson. Hier trägt die Verehrung der Anhängerschaft Züge einer religiösen Glaubensgemeinschaft: eigener Dresscode, regelmäßige Treffen, viele ungeschriebene Regeln. Aber auch „Käfer"-Fahrer grüßen sich auf der Straße oder kommen zum „Käfer"-Treffen zusammen. In Köln trinkt man Kölsch – kein Paulaner, denn das trinkt man am besten in Bayern. Der Hamburger Radiosender alster radio 106!8 rock'n pop gründet einen eigenen Club, die Zugehörigkeit wird mit Schwarzhörer-Shirts verdeutlicht, diese haben Rückennummern, mit denen sich die Zuhörer am Blitzertelefon melden.

Die genannten Beispiele erscheinen für einen mittelständischen Betrieb auf den ersten Blick sehr ambitioniert, verdeutlichen aber das Prinzip, mit dem Kundschaft und damit Marke aufgebaut wird – im Großen wie im Kleinen: Auch der kleinste Betrieb existiert nur, weil eine bestimmte Anzahl von Menschen Vertrauen in seine Leistung entwickelt hat – keine Bar ohne Stammgäste, kein seriöser Einzelhändler ohne Stammkundschaft. Das Bekenntnis zu einem Unternehmen erfolgt, weil es eben nicht so ist wie das Konkurrenzunternehmen. Deshalb ist es für den Markenverantwortlichen wichtig, den Blick nicht auf die Konkurrenz zu richten, sondern in erster Linie auf eigene Besonderheiten und deren Bindungspotenzial.

Eine erfolgreiche Marke ist dadurch gekennzeichnet, dass sie eine gemeinschaftliche Bindung zu ihren Käufern aufbaut – die Größe der Unternehmung spielt dabei keine Rolle.

Abb. 15: Ein Soziologe aus Norddeutschland: Ferdinand Tönnies-Denkmal in Husum.

Quelle: Ferdinand-Tönnies-Gesellschaft e. V.

3.2.2 Wissenschaftlicher Hintergrund: Soziale Bindungsform Gemeinschaft als Grundlage der Markenbildung

Zahlreiche Soziologen haben sich mit dem sozialen Phänomen „Gemeinschaft" beschäftigt und es zu erklären versucht. Einen wissenschaftlichen Klassiker entwickelte der Holsteiner Soziologe Ferdinand Tönnies mit dem Werk „Gemeinschaft und Gesellschaft", das 1887 erstmalig erschien.

Seine präzise Aufschlüsselung der unterschiedlichen menschlichen Bindungs- und Willensformen ist zu einer Grundlage der Markensoziologie geworden. Die besondere Kraft der gemeinschaftlichen Verbindung zwischen Menschen (im Gegensatz zur gesellschaftlichen Verbindung) wird von ihm dadurch erklärt, dass die Mitglieder der Gemeinschaft einen gemeinsamen Lebenszusammenhang besitzen, den sie ähnlich wahrnehmen und deuten. Im Umgang miteinander entstehen Gewohnheiten und Gebräuche. Es entwickelt sich eine eigene Kultur, die für Außenstehende oft nicht nachvollziehbar ist. Für die Marke sind diese sozialen Gesetzmäßigkeiten von entscheidender Bedeutung, denn sie erklären die Anziehungskraft und Vielfalt der unzähligen Marken-Gemeinschaften im Markt und zeigen, wie wichtig es ist, sich auf die Besonderheiten der eigenen Gemeinschaft, der eigenen Unternehmenskultur *zu besinnen. Eine Marke gewinnt nur aus sich selbst und ihren besonderen Leistungen Energie.*

Ein Beispiel: Beck's, Warsteiner, Radeberger, Holsten sind Unternehmen, die Bier brauen. Alle arbeiten dabei nach deutschem Reinheitsgebot mit Hopfen, Malz und Wasser. Aber: Kein Bierkenner würde ernsthaft behaupten, dass es keine Unterschiede zwischen diesen Bieren gibt – jede der Firmen hat ihre eigene Firmenkultur, eine eigene Brauphilosophie, ein ureigenes Produkt und bildet unterschiedliche Kundschaften bzw. Gemeinschaften.

Die Markensoziologie interessiert sich für das Soziale in der gemeinschaftlichen Bindung – zunächst unabhängig davon, ob Dreiräder, Kugelschreiber oder Biere verkauft werden: Warum hat diese „Marken-Gemeinschaft" für bestimmte Personen Anziehungskräfte entwickelt? Warum greifen bestimmte Menschen immer wieder im Supermarktregal nach dieser Marke? Die Entscheidung für das eine und damit gegen das andere Produkt ist Ergebnis vielschichtiger persönlicher Überlegungen, die zumeist im Unterbewussten stattfinden. Der Markensoziologe ermittelt, wie die Anziehungskraft der Marke auf den Individualwillen ausgelöst wird, sein Blick geht nach innen: Nur innerhalb der Gemeinschaft, nur durch das Verständnis der gewachsenen Markenkultur können die Gründe für den Unternehmenserfolg gefunden werden. Welches sind die Ursachen für die Wirkung der Marke in der Verbraucherpsyche? Diese gilt es herauszufinden, denn nur Ursachen können gesteuert werden.

4 Das Prinzip der Selbstähnlichkeit

4.1 Marke bedeutet Verpflichtung – Warum Bildzeitung immer Bildzeitung sein muss

Eine starke Marken-Gemeinschaft beinhaltet immer Verpflichtung der Teilnehmer auf gewisse Verhaltensregeln: Jede funktionierende Gemeinschaft lebt von der Vertrautheit ihrer Umgebung und der Verlässlichkeit der Signale. Wenn eine Marke ihre Besonderheiten und verlässliche Abnehmer – ihre Kundschaft – gefunden hat, besitzt sie eine Verpflichtung: Sie muss ihrer Kundschaft das Gewohnte immer wieder in gleich bleibender Qualität und Anmutung zur Verfügung stellen, um das erarbeitete Vertrauen zu bestätigen.

Der Angestellte einer Bank kleidet sich anders als der Kreative in einer Werbeagentur – kulturelle Erfahrungen, die „in Fleisch und Blut übergehen" und zu Selbstverständlichkeiten werden. Die erfolgreiche Marke funktioniert ebenso: Hat sich ein Erfolgsprofil herausgebildet, also ein Muster, das Kaufresonanz auslöst, so geht es für das Unternehmen darum, dieses Muster jeden Tag zu reproduzieren: Die Bild-Zeitung macht jedes Thema, jeden Line-Extender (Auto-Bild/Sport-Bild/Computer-Bild) zu einem eindeutig erkennbaren Bild-Produkt: Jede Zeitung, jede Werbung, jede Schlagzeile ist eindeutig der Marke zuzuordnen. Jedes politische Ereignis kommentiert die Bild-Zeitung auf ihre ureigene, „berühmt-berüchtigte" Weise.

> Die Marke ist verpflichtet, ihrer Kundschaft neue Dinge in altbekannter Art anzubieten.

4.2 Marke bedeutet Selbstähnlichkeit – Das Betriebsgeheimnis der Natur

Vertrauen hat man nur in das Vertraute. Vertrauen erhält nur derjenige, der sich selbst ähnlich bleibt: Jemand, der heute so spricht und am nächsten Tag das Gegenteil verkündet, erscheint uns nicht vertrauenswürdig. Dieses Prinzip ist universell, unabhängig davon, ob es sich um eine Einzelperson, eine Gruppe oder ein Unternehmen handelt.

Die Markensoziologie setzt diese altbewährte Erkenntnis zur Führung und Durchsetzung von Unternehmen und ihren Marken im Markt ein. Jedes erfolgreiche Markensystem muss überall eindeutig zu erkennen sein, denn es existiert nur als ein einmaliges System. Dass ein Unternehmen sein öffentliches Erscheinungsbild vereinheitlichen oder sich alle Angestellten mehr oder weniger gleich lautend am Telefon melden sollten – Stichwort: *Corporate Identity* –, ist inzwischen auch im kleinsten Betrieb angekommen. Das markensoziologische Verständnis ist weitaus umfangreicher: Erfolgreiche Unternehmen begreifen Markenaufbau und Markenstärkung als gestalthaften, also übergreifenden Prozess. Das Erfolgsgesetz dahinter ist die Selbstähnlichkeit.

> *Selbstähnlichkeit* bezeichnet die Fähigkeit eines Systems zur „typischen" Weiterentwicklung der eigenen Gestalt. Der daraus resultierende Effekt der Wiedererkennung ist das Fundament jeder erfolgreichen Marke.

Abb. 16: VW-Golf: Neu seit 1974

Quelle: Eigenes Bildarchiv

Der Mensch liebt selbst in neuen Dingen und Produkten vor allem das Gewohnte – wie das „Bademantel-Finale“ von Udo Jürgens oder der Ostersegen es verdeutlichen. Dies bedeutet keinen Stillstand, sondern ein Voranschreiten, das sich an den eigenen Gesetzen orientiert. Das Beispiel einer Volkswagen-Werbung für den Golf erklärt das Prinzip: Golf zeigt vom Golf I von 1974 bis zum aktuellen Golf-Modell jeweils ein weißes Exemplar jeder Baureihe nebeneinander aufgereiht. Darunter steht der Satz: Neu seit 1974.

Mit Verweis auf Geschichte und Leistung der Marke wird demonstriert, dass es VW gelungen ist, immer wieder erfolgreich und zeitgemäß das Produkt Golf auf den Markt zu bringen: Dabei ist jedes Fahrzeug von 1974 bis heute eindeutig als Mitglied der Produktfamilie Golf zu erkennen. Das angeführte Beispiel illustriert lediglich den designorientierten Aspekt von *Selbstähnlichkeit*. Eine umfassende Untersuchung wäre notwendig, denn es müsste markensoziologisch geprüft werden, ob VW bei allen fünf Modellreihen auf sämtlichen Ebenen „typisch“ agiert hat. Dies würde beispielsweise folgende Bereiche umfassen:

- Preis
- Technische Leistung
- Serviceorientierung
- Zusatzleistungen
- Werbung

Ein Beispiel aus dem textilen Einzelhandel: Das renommierte Unternehmen Peek&Cloppenburg Hamburg ist dafür bekannt, geschmackvolle Mode als zeitgemäßer Fachhändler anzubieten. Dies wird – neben anderen Aspekten – auch durch das „Stammabteilungsprinzip“ sichergestellt. Stammabteilungsprinzip bedeutet, dass dem Kunden eine Vielzahl verschiedener Modelle, Schnitte und Größen eines Produkts in einer Abteilung mit spezialisierten Fachverkäufern angeboten wird. Dieses Prinzip wird seit Gründung des Unternehmens im Jahr 1911 beibehalten. Im Sinne der *Selbstähnlichkeit* ist es gelungen, dieses Prinzip immer wieder modern zu interpretieren und dennoch „typisch“ Peek&Cloppenburg zu bleiben.

> Die starke Marke setzt alles markentypisch – selbstähnlich – um.

Das selbstähnliche Prinzip kann auch eine programmatische Ausrichtung des Sortiments sein: So produziert das norwegische Unternehmen Stokke Möbel und Kinderwagen für Babys und Kinder. Das Ursprungsprodukt ist

Abb. 17a: Peek&Cloppenburg Stammabteilung 1952

Quelle: Peek&Cloppenburg KG Hamburg

Abb. 17b: Peek&Cloppenburg Stammabteilung 2008

Quelle: Peek&Cloppenburg KG Hamburg

der Tripp Trapp®-Stuhl, den der Designer Peter Opsvik 1972 entwickelte. Die grundlegende Idee: Ein Stuhl, der mit dem Kind mitwächst und es durch seine spezielle Formgebung in die Aktivitäten am Tisch mit einbezieht. Auf Basis dieses Prinzips entwickelte das Unternehmen 1999 ein mitwachsendes Kinderbett, das so genannte Stokke Sleepi, und im Jahr 2001 einen Tisch („Stokke Care"), der zunächst als Wickeltisch und später sogar als Schreibtisch eingesetzt werden kann. 2004 kam schließlich der Stokke Keep, ein mitwachsendes Regalsystem hinzu. Vor kurzem wurde das Hand-

Abb. 18a–18d: Kindermöbel von STOKKE: Hier wächst alles mit dem Kind.

Quelle: STOKKE GmbH

lungsmuster der „Integration des Kindes“ bzw. des „Mitwachsens“ sogar auf einen Kinderwagen übertragen. Für den Markensoziologen wird deutlich, dass die Marke ihrem speziellen Erfolgsprinzip auf die Dauer treu bleibt und es sogar als „Blaupause“ nutzt, um Innovationen und Sortimentsausdehnungen „typisch“ zu integrieren. Statt „einfach“ Tische und Kinderwagen mit dem erfolgreichen Markennamen zu branden, diente die übergreifende Struktur als Vorlage und Richtungsgeber für die Entwicklung innerhalb des Unternehmens und positioniert die Idee der Marke klar in der Öffentlichkeit.

4.2.1 Selbstähnlichkeit als universelles Kulturprinzip

Die Anziehungskraft selbstähnlicher Strukturen bei Marken ist kein Sonderfall menschlicher Empfindung. Beschaut man die Kulturgeschichte, wird eingängig, wie sich starke Gemeinschaften der *Selbstähnlichkeit* bedient haben, um das eigene Territorium auszudehnen. Für den Markensoziologen sind religiöse Phänomene äußerst aufschlussreich, illustrieren sie doch die gewachsene Kraft selbstähnlicher sozialer Strukturen über Jahrhunderte. Ohne in diesem Rahmen eine unangemessene Weihe zu verbreiten, sei erlaubt, auf eine der wichtigsten Personen innerhalb des Christentums hinzuweisen: die Gottesmutter Maria. Sie verkörpert in ihrer künstlerischen Darstellung eine besonders herausragende selbstähnliche Struktur. Starken Systemen gelingt es, sich kulturellen Differenzen anzupassen, aber sich im Kern immer treu zu bleiben. In unserem Kulturkreis sind Darstellungen Marias so gestaltet, dass sie unserer Vorstellungswelt möglichst nahe kommt. In Mitteleuropa ist Maria blond und blauäugig. Im Süden Europas wird sie dagegen überdurchschnittlich oft dunkelhaarig mit braunen Augen gemalt. Im Zuge der Missionierungen kam es zu – für uns – sehr ungewöhnlichen Darstellungen: So werden Maria und das Jesuskind in China durchaus mit asiatischen Gesichtszügen dargestellt, während Krippendarstellungen in Afrika die Heiligenfamilie mit dunkler Hautfarbe zeigen. Der Grundgedanke dahinter bleibt jedoch universell verständlich und zieht die Menschen in seinen Bann.

4.2.2 Selbstähnlichkeit ist Varianz in einem festen Rahmen

Selbstähnlichkeit als Gesamtzusammenhang umfasst sämtliche Unternehmensbereiche: Die erfolgreiche Marke ist an jedem Auftrittspunkt selbstähnlich. Eine starke Marke agiert in einem eindeutigen Korridor. Dies bedeutet jedoch auf keinen Fall, dass starre Strukturen – eine Corporate Identity – das Bild beherrschen.

Abb. 19a und 19b: Sixtinische Madonna in Dresden und Maria-Darstellung aus Peking: Jeder Kulturkreis nutzt „gewohnte“ Interpretationen des identischen Sachverhalts – für das Christentum bedeutete dies eine erfolgreiche Ausdehnung in den Grenzen des eigenen Systems.

Quelle Abb. 19a: dpa-Report/Foto: Matthias Hiekel
Quelle Abb 19b: dpa-Report/Godong Foto: Pascal Deloche/Godong

Corporate Identity meint die Definition fester gestalterischer Strukturen: So, wie es ist, hat es immer zu bleiben (bis eine neue Corporate Identity entwickelt wird). Diese – auf Äußerlichkeiten begrenzte – Form der Wiederholung ist ausschließlich für den Bereich von Logo und Schriften sinnvoll. Auf das gesamte Unternehmen angewandt, wirkt es zerstörerisch: Ein neuer VW-Golf mit der Technik und dem Design der 70er Jahre würde heute keine Käufer finden.

Eine selbstähnliche Marke hingegen kann bei entsprechender Führung auf Dauer jung bleiben, weil sie sich dem Wandel der Zeit, der Technik oder der Mode nicht widersetzt, sondern sich zeitgemäß, aber typisch anpasst und passende Trends nutzt, um eigene Stärken neu zu belegen. Diese Aufgeschlossenheit bei gleichzeitiger Konzentration auf eigene Kernkompetenzen ist das Erfolgsprinzip aller natürlichen Entwicklungsprozesse.

Abb. 20a–20d: Playmobil-Piratenschiff von den 80er Jahren bis heute (aktuell mit drehbarer Galionsfigur und versenkbaren Kanonen).

Quelle : Mit freundlicher Genehmigung von PLAYMOBIL. PLAYMOBIL ist ein eingetragenes Warenzeichen der geobra Brandstätter GmbH & Co. KG.

Selbstähnlichkeit bedeutet die Fähigkeit der Marke, eigene Stärken und Besonderheiten in neue Produkte einzubringen.

Einige Beispiele: Die Spielzeugmarke Playmobil verwandelt die ganze Welt in Dinge, die eindeutig der Marke zuzuordnen sind, egal ob es um mittelalterliche Burgen oder futuristische Weltraumfähren geht – alles wird von der Marke zu einem Teil des Playmobil-Universums verwandelt. Dabei werden auch die Produkte selbst weiterentwickelt, ein Playmobil-Auto aus den 80er Jahren sieht anders aus als ein aktuelles Playmobil-Fahrzeug.

Niederegger-Marzipan verarbeitet die ganze Welt zu Marzipan. Als sich in Deutschland das Konsumverhalten vom einfachen Kaffee hin zu Kaffeespezialitäten veränderte, ergriff Niederegger die Chance auf Teilhabe an dem Trend und bot seinen Kunden einen Cappuccino-Marzipan-Kaffee an.

Ein Beispiel, das die Funktionsweise von selbstähnlichem Verhalten strukturell wie auch tagesgeschäftlich deutlich macht, zeigt sich am Hamburger Luxushotel Atlantic. Das Hotel Atlantic Kempinski, direkt an der Alster gelegen, gehört seit 1909 zu den besten Adressen in der Branche. Das Hotelsymbol sind zwei Kariatyden, die die Weltkugel abstützen, das Monument befindet sich auf dem Dach des Südflügels. Das Wahrzeichen, das auch schon bei einem James Bond-Dreh 1997 eine herausragende Rolle einnahm, wird von dem Hotel für den gesamten Außenauftritt (Werbematerialien etc.) genutzt.

Für den Markensoziologen ist dieses Markensymbol aus folgendem Grund interessant: Üblicherweise ist die weithin sichtbare Weltkugel bei Dunkelheit weiß erleuchtet. Während der Fußball-Weltmeisterschaft 2006 wurden im gesamten Stadtgebiet 175 blaue Tore, die so genannten „blue goals“

Abb. 21: Variationen einer feststehenden Struktur: Die leuchtende Kugel auf dem Dach des Atlantic-Hotels.

Quelle: Hotel Atlantic Kempinski Hamburg

aufgestellt – Zeichen der Begeisterung der Menschen am Austragungsort. Zum ehrwürdigen Atlantic hätte ein blau leuchtendes Stahltor an der Fassade nicht gepasst, allerdings „solidarisierte" sich das Hotel mit der Idee, indem der Globus während der Zeit der Weltmeisterschaft blau erleuchtet wurde. Im selben Jahr feierte die Hansestadt die „China Time Hamburg": Das Reich der Mitte stand im Mittelpunkt diverser Veranstaltungen. Unter anderem wurden – wie in China üblich – hunderte rote Lampions an wichtigen Stellen der Stadt aufgehängt. Wieder nahm das Atlantic diese stadtweite Aktion auf: Die Weltkugel erstrahlte jetzt in der Farbe Rot.

Hier wird praktisch wie theoretisch die Wirkweise von *Selbstähnlichkeit* deutlich. Ein starkes Markensystem nimmt Impulse von außen auf, ohne jedoch die eigene, tragende Struktur in Frage zu stellen.

4.2.3 Die starke Marke setzt alles selbstähnlich um

Der Schausppieler und ehemalige kalifornische Gouverneur Arnold Schwarzenegger ist bekannt für seine Vorliebe für schwere Motorräder und Autos. Schwarzenegger war der erste Zivilist (und Prominente), der einen schweren Militärgeländewagen – den Humvee (High Mobility Multipurpose Wheeled Vehicle) der Firma Hummer – als Privatwagen nutzte. Da sich der Bundesstaat Kalifornien weltweit als ein Vorreiter im Bereich Ökologie positioniert

Abb. 22: Ein umweltfreundlicher Kampfwagen: Arnold Schwarzenegger betankt den Wasserstoff-Humvee.

Quelle: The Associated Press GmbH (AP) Photo: Ann Johansson

hat und der Trend im Bereich Fahrzeug zu niedrigem Verbrauch und neuen Technologien geht, handelte der Gouverneur, der mehr über die Macht von Bildern weiß als andere: Er ließ sich seinen Humvee, der normalerweise 25 bis 50 Liter Benzin auf hundert Kilometer verbraucht, umrüsten und präsentierte der Öffentlichkeit stolz einen mit Wasserstoff angetriebenen Humvee (den ersten überhaupt) – und blieb damit sich und seiner Marke Schwarzenegger treu. Weil der Conan-Darsteller das Thema Treue nur in Bezug auf die Außendarstellung der Marke Schwarzenegger sensibel gehandhabt hat, terminierte er seine Ehe – mit unkontrollierbaren Folgen für Mensch und Marke Schwarzenegger. Die markensoziologische Moral: Die Markenführung muss immer alle Teilbereiche der Marke im Blick behalten. Noch ungünstiger lief es für die Marke Hummer, die es versäumte, auf derart starke Bilder starke Taten folgen zu lassen. Maßgeblich wegen des hohen Spritverbrauchs und der allgemeinen ökologischen Unverträglichkeit der Fahrzeuge musste General Motors die Konzernmarke 2010 abwickeln.

4.2.4 Anziehungskraft durch *Selbstähnlichkeit*

Die Durchsetzung von *Selbstähnlichkeit* erzielt weit mehr als einen erhöhten Wiedererkennungswert für das Unternehmen – denn die Anziehungskraft der Marke wird strukturell übergreifend gestärkt: Die stärkste Magnetwirkung und Faszination geht von sozialen Systemen aus, die eine stilistische Einheit ausstrahlen. Eine Gruppe von Personen, die nach außen ein harmonisches Bild abgibt und geschlossen auftritt, erweckt instinktiv mehr Vertrauen als eine Gruppe, die kein einheitliches Bild in der Öffentlichkeit abgibt. Wenn führende Mitglieder einer Regierungspartei innerhalb weniger Tage völlig unterschiedliche politische Standpunkte in die Mikrofone verkünden, so ist Verwirrung die Folge – außerhalb und innerhalb der Partei. Meinungsforscher beschreiben diesen Vorgang als Vertrauensschwund, der sich an rapide fallenden Stimmanteilen unmittelbar niederschlägt.

Disharmonien in der bildenden Kunst bzw. in der Musik (bspw. Karlheinz Stockhausen oder Punk-Gruppen) haben sich noch nie als massengängig erwiesen. Das Individuum ist konditioniert auf Dinge „aus einem Guss“, nur diese sorgen für Vertrauen. Speziell in einer mit Reizen und Signalen überladenen Welt sind nur eindeutige Signalstrukturen erfolgreich.

Den inneren Wunsch des Menschen nach Einheit nutzen starke Marken: Je eindeutiger ihre Aussage, umso nachhaltiger ist der Eindruck, den sie hinterlassen. Dabei bedeutet Stil eben nicht nur die Wahrung von typischen Gestaltungsmerkmalen, sondern möglichst vieler „typischer“ Eigenschaften.

Abb. 23a – 23d: Google gelingt es, die eigene Stilistik weltweit zu wahren und dennoch auf aktuelle und nationale Gegebenheiten einzugehen: Google-Logos[6] zum Tag der Deutschen Einheit am 3. Oktober (2002, 2003, 2009 und 2011).

Quelle: Google

Jede Marke kann ihren einmaligen Stil nach außen tragen und ihre Geschlossenheit darstellen – unabhängig von wirtschaftlicher Relevanz und Mitarbeiterzahl. Die Kundschaft muss *ihre* Marke in jeder Lebensäußerung unmittelbar erkennen können: Das erfordert von der Unternehmensseite Sinn für Details und den geschickten Einsatz der typischen Eigenschaften. An erster Stelle steht daher die Kenntnis der eigenen Erfolgsgrundlagen.

Je selbstähnlicher die Marke, desto stärker ihre Anziehungskraft.

Ein Zippo-Feuerzeug wird umständlich mit Benzin befüllt, auch wenn es simplere Methoden (und billige Einwegfeuerzeuge) gibt. In den Balzac-Coffeeshops gibt es zwar Dutzende belegte Bagels und Sandwiches, aber kein Brötchen – weil es nicht zur Marke passt. Eine Autowerkstatt für „Edelkarossen" sorgt dafür, dass dem Kunden immer ein Kaffee angeboten wird, eine andere Werkstatt muss gerade darauf verzichten, weil sie verdeutlichen will: Hier wird knapp kalkuliert – auch im Sinne des Kunden. Dies sind kleine stilistische, aber jeweils „typische" Details mit herausragender Wirkung für die Positionierung des Gesamtunternehmens.

Ein Verlag nutzt den Bucherfolg eines Autoren, indem er die Nachfolgetitel des Autors einem bewährten semantischen Muster anpasst. Eine kleine Auswahl der Titel von Robert Ludlum, die weltweit über 280 Millionen verkauft wurden, zeigt das Prinzip (das auch zweisprachig funktioniert):

- *Die Matlock-Affäre* (*The Matlock Paper*), 1973
- *Der Matarese-Bund* (*The Matarese Circle*), 1979
- *Das Parsifal-Mosaik* (*The Parsifal Mosaic*), 1982
- *Der Ikarus-Plan* (*The Icarus Agenda*), 1988
- *Der Prometheus-Verrat* (*The Prometheus Deception*), 2000

Es funktioniert sogar posthum, Ludlum ist 2001 gestorben:

- Die Bancroft-Strategie (The Bancroft Strategy), 2006

Es funktioniert sogar mit Autoren, die angeblich unveröffentlichtes Material von Herrn Ludlum nutzen:

- Die Ares-Entscheidung (The Ares Decision/Kyle Mills), 2011

Grundsätzlich gilt, dass jedes System eine eigene Form von Selbstähnlichkeit entfaltet, selbst wenn das Ergebnis auf den Einzelnen abstoßend wirkt. Auch „Unstil" kann bewusst oder unbewusst zum Stil erkoren werden: Bunte Flugblätter mit Kampfpreisen von Drogerien, wenig Personal und aufgerissene Kartonagen im Discounter suggerieren dem Beobachter, dass hier zumindest der Preis stimmt. Allein die stilistische Strukturdichte ist entscheidend für die Anziehungs- und Durchsetzungskraft.

4.2.5 Sicherheit durch *Selbstähnlichkeit*

Im Tagesgeschäft darf weder innerhalb der Kundschaft noch innerhalb der Belegschaft Verunsicherung hinsichtlich des „erwartbaren" Auftritts eines Unternehmens herrschen. Oft werden fremde Konzepte kopiert: Ein für seine stilvolle Modeauswahl bekannter Fachhändler lässt plötzlich – wie in trendigen Läden üblich – Popmusik über die Lautsprecher laufen, weil es sich in anderen Unternehmen bewährt haben soll. Dies ist nicht selbstähnlich und irritiert alle, die mit dem Unternehmen in Verbindung stehen.

Ein selbstähnliches Unternehmen handelt meist intuitiv nach eigenen (Stil-)Gesetzen und mit eigenen Mitteln. Erklärende oder zurechtweisende Sätze wie „In dieser Firma funktioniert das so" deuten auf solche Besonderheiten hin.

Viele Unternehmen profitieren von diesen selbstähnlichen Erwartungshaltungen – den Vorurteilen der Außenwelt –, sie müssen nicht ständig (und kostenintensiv) auf alle ihre Besonderheiten und Eigenschaften hinweisen. Die Bekleidungsmarke BOSS muss nicht mehr bei jeder neuen Kollektion erklären oder rechtfertigen, warum ein BOSS-Anzug mehr als 99 Euro kostet. Dies ist nur möglich, weil über die Zeit kontinuierlich in typischer Weise gehandelt wurde.

4.2.6 Wissenschaftlicher Hintergrund: Das Prinzip *Selbstähnlichkeit*

Die Erkenntnisse der Markensoziologie über kulturelle Systeme leiten sich von naturwissenschaftlichen Gesetzen ab, die ihre Grundlage in der Evolutionstheorie haben: Die Selbstähnlichkeit ist dort das entscheidende Überlebensprinzip aller organischen Strukturen. Was bedeutet das?

In der Natur besitzt jeder lebende Organismus exakt festgelegte Strukturen, einen „genetischen Bauplan", der dafür sorgt, dass dieser Organismus immer wieder korrekt reproduziert wird. Ein Beispiel: Es gibt weltweit ca. 50 Tannengattungen. Von der in Europa populären „Nordmannstanne" über die „Himalaja-Tanne" bis zur „Numidischen Tanne", die nur in einem kleinen Areal in Algerien wächst.

Abb. 24a: Nordmanntanne/ Abies nordmanniana

Quelle: Eigenes Bildarchiv

Abb. 24b: Numidische Tanne/ Abies numidica

Quelle: Biopix.dk

Die weit verbreiteten immergrünen Arten sind – auch für einen Laien – eindeutig der Gattung Tanne zuzuordnen. Unabhängig von Alter, Ort, Höhe und Sorte des Baumes lassen sich bestimmte artenübergreifende Elemente sofort erkennen: Nadelförmige Blätter, Zapfen, pyramidenförmiger Wuchs, grüne Färbung usw.

Dem natürlichen Vorbild folgend soll die starke Marke, der starke Markenorganismus immer eindeutig und doch individuell sein spezifisches Muster präsentieren, unabhängig von Zeitpunkt und Ort: Ein Häagen-Dazs-Eiscafé ist immer als ein Häagen-Dazs-Eiscafé erkennbar, egal ob es in Tokio, Kuwait City oder in Kingston/Jamaika steht – obwohl es sich den baulichen Anforderungen der Umgebung anpasst, Themen der Umgebung aufnimmt und teilweise länderspezifische Spezialitäten anbietet (z.B. Green Tea-Ice in Japan). Es gibt trotz des Franchise-Systems mit dezidiert festgelegten Anforderungen für jede Filiale keine zwei identischen Häagen-Dasz-Eiscafés auf der Welt.

Varianz und Wiederholung

Selbstähnlichkeit *entsteht als kreatives Wechselspiel von Varianten, die aber ein hohes Maß an Wiederholung beinhalten. Ohne Varianzen wäre jedes System starr und damit uninteressant (und nicht überlebensfähig!): Jeder Mensch weiß aus eigener Erfahrung, dass alles, was sich identisch wiederholt, mit der Zeit unerträglich wird. Der Musikwissenschaftler Hermann Rauhe und der Markentechniker Klaus Brandmeyer beschreiben diesen Zusammenhang folgendermaßen: „Wenn Menschen etwas nicht mögen, dann ist es die stupide Wiederholung von irgendetwas. Eine ständig identisch wiederholte Tonfolge entnervt, sie erinnert an eine defekte Schallplatte und muss schnellstens abgestellt werden.“[7] Gute Markenkommunikation schöpft aus einem ausgeglichenen Verhältnis zwischen Wiederholung und Variation. Nur über eine Variation feststehender Motive und Botschaften wird vermieden, dass sich ein Inhalt abnutzt und uninteressant wird.*

Gleichzeitig prägt sich uns nicht ein, was immer erstmalig erscheint. Menschen benötigen zum Wissensaufbau Situationen und Erfahrungen, die sich wiederholen, die vorhersehbar sind. Aus der Kognitionspsychologie ist bekannt, dass Lernprozesse Zeit benötigen – einmalige Ereignisse prägen sich nicht als Wissen ein. Deshalb sollte eine Marke, die „erlernt“ werden möchte, Prozesse in Gang setzen, die auf Kontinuität angelegt sind. Erst dann kann sie eindeutig identifiziert werden und ihre volle Wirkung entfalten.

4.3 Marke bedeutet Grenze – „Nichts bewegt Sie wie ein Citroën.“

„Nichts bewegt Sie wie ein Citroën.“ Mit diesem Leitspruch erhob der französische Autohersteller einen Anspruch auf Einzigartigkeit. Die Marke wollte sich damit vom Wettbewerb abgrenzen: Ein Citroën bewegt sich

eben nicht wie ein Nissan. Je eindeutiger die Aussage (und die Leistung dahinter), desto stärker die Grenze – *Selbstähnlichkeit* beinhaltet immer die Abgrenzung von anderen Marken, denn die eigene Besonderheit kann und darf nicht allen Menschen zusagen. Der Citroën-Leitspruch führt leider auch den größten Fehler vor, den ein Unternehmen mit einem guten Leitspruch machen kann: ihn irgendwann abzuschaffen (kennen Sie den neuen Leitspruch?). Auch die einzigartigste und eindeutigste Marken-Aussage entfaltet ihre abgrenzende Wirkung nur, wenn sie durchgehalten wird. Markenenergie braucht ein hohes Maß an Wiederholung, sonst verflüchtigt sie sich. Energie entsteht durch Differenzierung, oftmals ist sie ganz bewusst gewählt: Eine Plastikuhr von Swatch ist ein Gegenentwurf zur juwelenbesetzten Cartier-Uhr, ein Fahrzeug von Dacia das bewusste Gegenstück zu einer Mercedes S-Klasse.

Der Stolz, ein bestimmtes Produkt erworben zu haben, erfordert eine kräftige Marke, die hinter dem Produkt steht – und unter diesem Markennamen einzigartige Leistungen bündelt. Dabei kann Stolz selbstverständlich auch bedeuten, dass man sich bewusst gegen ein teures Objekt und „für die Vernunft" entschieden hat: Marke korrespondiert nicht zwangsläufig mit einem hohen Preis.

> Marke erhält ihre Kraft und Stabilität durch die Abgrenzung von anderen Marken – und damit durch die Konzentration auf eigene Stärken.

Es geht also nicht darum, elitäre Distanz durch den Einsatz von Grenzen zu erreichen, sondern ein wirtschaftliches System durch den Einsatz seiner Besonderheiten zu festigen und langfristig erfolgreich zu machen: Grenze ist der Garant für die Existenz jedes Unternehmens. Was ausschließlich „gleich" ist, kann (und will) sich niemand merken.

Wird eine Leistung unter einem Namen beliebig, der stilistische Grenzzaun löchrig, entweicht automatisch die Markenkraft, weil das Unternehmen austauschbar wird. Abgrenzung ist und bleibt eines der stärksten Mittel, um sich von anderen zu unterscheiden. Nur durch Kompression entsteht Anziehungskraft.

> Marke ist in keiner Weise Luxusgütern vorbehalten: Jede Leistung kann zu einer Marke werden.

5 Marke, Trend und der Wunsch nach Verjüngung

5.1 Marke und Jugend – Warum Marke niemals verjüngt werden kann

Ein Kommentar wie „Unsere Marke muss jünger werden" klingt kompetent und interessant – dahinter verbirgt sich aber meistens ein Denkfehler. So fordern Marketingfachleute in der Verantwortung für alteingesessene Unternehmen regelmäßig eine „Verjüngung der Marke", meinen damit aber nicht, dass die Marke verjüngt werden muss, sondern wollen primär eine Verjüngung der Kundschaft erreichen. Anziehungskraft und „ewige Jugend" einer Marke entstehen nicht durch Anbiederung bei vermeintlich interessanten Zielgruppen, beispielsweise durch den Einsatz von trendiger Form- und Farbgebung, wilden PR-Aktionen oder einer Senkung der Preisschwelle.

Der Markenexperte David Aaker schreibt: *„Der vielleicht am weitesten verbreitete Fehler eines Unternehmens liegt in dem Versuch, Wachstum durch das Anlocken neuer Kunden zu forcieren. [...] Wenn sich die Abwanderung alter Kunden zur Konkurrenz einschränken lässt, dann ist Wachstum die natürliche Konsequenz."*[8] Marke kann nur aus der eigenen Stilistik und Kundschaft heraus Anziehungskraft und Neukundschaft gewinnen.

Unzweifelhaft ist es möglich, über „junge Aktionen" ein Publikum zu erreichen, das „jünger" ist. Der Markensoziologe prüft zunächst, ob diese Umorientierung nicht den selbstähnlichen Kern der Marke in Frage stellt und damit die kostenlosen Positiven Vorurteile irritiert. Wir alle wissen aus eigener Erfahrung, wie schwer es ist, Vorurteile zu zerstreuen – wie hoch muss erst der Aufwand sein, um neue Vorurteile zu „pflanzen"? Dies alles ist verbunden mit der Gefahr, dass die einzig sichere und relevante Geldquelle Stammkundschaft vergrault wird, weil sie „ihre" Marke nicht mehr erkennt.

Anstatt hart erarbeitete Vorurteile wertlos zu machen, geht es darum zu prüfen, durch welche Produkte bzw. Dienstleistungen sich eine Marke dem Zeitgeist anpassen und neue Zielgruppen gewinnen kann – ohne sich selbst untreu zu werden. Dafür muss genau bekannt sein, was das Unternehmen „typisch" macht.

5.2 Marke und Trend – Warum Affenbabys nicht die Deutsche Bank sind

Trends sind nicht *per se* abzulehnen, aber von allen Trends, die auftauchen, verschwinden die meisten nach kurzer Zeit. Nur wenigen Trends gelingt es, sich durchzusetzen. Dies muss dem Markenverantwortlichen bewusst sein.

Es ist nicht von der Hand zu weisen, dass die vorbehaltlose Berücksichtigung eines Trends kurzfristig Marktpotenziale erschließen kann. Langfristig – also markensoziologisch – gedacht, muss zunächst sichergestellt werden, dass ein neues Produkt keine Irritation in der Stammkundschaft hervorruft, sondern im Gegenteil verstärkend wirkt.

Das folgende Beispiel illustriert, was passieren kann, wenn beim Umgang mit Trends nicht darauf geachtet wird, ob der Trend und seine Umsetzung zur Marke passen. Ein Beleg dafür, wie sich große Marken aus Unkenntnis beliebigen Trends hingeben, ohne auf ihre eigene spezifische Leistungsgeschichte Rücksicht zu nehmen.

Abb. 25 a: Neue Deutsche Bank-Kreditkarten (sog. Motivkarten)

Abb. 25 b: Herkömmliche Kreditkarten der Deutschen Bank

In Deutschland waren im Jahr 2010 ca. 24 Millionen Kreditkarten im Umlauf. Hinsichtlich der Gestaltung von Kreditkarten zeichnete sich ein Trend zur Individualisierung ab. Kunden sollten sich Motive für ihre Karte auswählen können. Die Deutsche Bank – wie andere Banken vor ihr – übernimmt den Trend und bietet an, die eigene Kreditkarte mit schönen, lustigen oder auch privaten Bildern individuell zu gestalten.

Im Auftrag des *Büro für Markenentwicklung* befragte die *Gesellschaft für Konsumforschung* (GfK) in einer repräsentativen Studie 1 000 Deutsche, welche Wirkung die bunt gestalteten Kreditkarten der Deutschen Bank auf sie haben. Deutliches Ergebnis: Kreditkartenmotive, die – wie von der Deutschen Bank angeboten – einen Affen, einen Palmenstrand oder ein Kind mit Schwimmring zeigen, wurden von 86 Prozent der Befragten als unseriös wahrgenommen. 80 Prozent der Befragten ordneten diese neuartigen Kreditkarten-Motive einer unbedeutenden Bank zu. Auch bei den Befragten, die sich selbst als besonders trendinteressiert bezeichnen, hielten nur 14,5 Prozent die neuen Motive für vertrauenerweckend.

Folge: Die Marke Deutsche Bank verspielt ihre Seriosität und Vertrauenswürdigkeit. Wer seine potenzielle Kundschaft mit untypischen Handlungen irritiert, entzieht dem eigenen Markenspeicher Energie. In einem über 100-jährigen Markensystem, in dem Verlässlichkeit, Größe und Seriosität Kerneigenschaften sind, wird leichtfertig mit dem wichtigsten wirtschaftlichen Unternehmenswert umgegangen: der Markenkraft.

Die Ergebnisse sagen auf keinen Fall aus, dass der Trend zu individualisierbaren Kreditkarten für Banken nicht tragbar ist: Die Berliner Bank wirbt mit dem Berliner Bode-Museum als Motiv, eine Münchner Bank wirbt mit der FC Bayern-Karte. Für ein anderes Bankhaus hätten auch die Kinder- und Tiermotive passend sein können. Für die Deutsche Bank wären zum Beispiel Motive wie das Deutsche Guggenheim-Museum als markenstärkend einzusetzen (das Deutsche Guggenheim ist ein Joint-Venture zwischen Deutscher Bank und der Solomon R. Guggenheim Foundation). Auch wenn es manchmal noch so schwierig zu vertreten ist: Marke bedeutet immer Grenze. Eine Marke, die versucht, alles zu sein, ist nichts.

> Ein Trend muss zu Ihrer Marke passen bzw. markentypisch umgesetzt werden. Funktioniert das nicht: Hände weg!

6 Marke ist immer das Besondere

Mit der Konzentration auf typische Eigenschaften bedient die erfolgreiche Marke den Wunsch des Menschen, individuell zu sein. Mit jeder Kaufentscheidung gibt der Käufer eine Erklärung bezüglich seiner persönlichen Präferenzen ab – ob er es möchte oder nicht.

> „Das Geheimnis des Erfolgs? Anders sein als die Anderen.“
>
> *Woody Allen*

Der Autokauf als traditionell exponiertes Beispiel illustriert das Verlangen nach Individualität und Gemeinschaft: Mag der Erwerb eines Alfa-Romeo geprägt sein von dem Wunsch, Mitglied in der Gemeinschaft der „Alfisti“ zu sein, so ist die Entscheidung für einen VW-Golf Hinweis auf die eigene Weitsicht bezüglich des Wiederverkaufswertes und dem Wunsch nach Zuverlässigkeit oder Understatement. Beide Marken bedienen völlig unterschiedliche Bedürfnisse und bieten damit eine Möglichkeit, sich individuell abzugrenzen. Gleichzeitig wird ein Angebot zum Eintritt in eine besonders geprägte Werte-Gemeinschaft unterbreitet. Wer behauptet, dass Menschen ein Auto nur kaufen, um von A nach B zu kommen, dem sollte die Existenz von Hunderten Automarken zu denken geben: Jede unserer alltäglichen Entscheidungen – nicht nur in Bezug auf den Konsum – ist individuell. Aus den vielen Individual-Entscheidungen ergibt sich zwangsläufig ein Bild der jeweiligen Persönlichkeit.

> Eine erfolgreiche Marke erfüllt den Wunsch des Menschen nach Individualität und Gemeinschaft.

6.1 Nur das Besondere zieht an – Warum San Francisco die Golden Gate Bridge braucht

Der Mensch liebt das Besondere: Nur das Besondere, das Individuelle, bleibt im Gedächtnis haften. Grundlage jeder erfolgreichen Marke ist es, ein individuelles Angebot bereitzuhalten. Im Gegensatz dazu fallen im Gespräch mit Mittelständlern immer wieder Sätze wie der folgende: *„Wir fül-*

len doch alle nur Mineralwasser in Flaschen. Da unterscheiden wir uns in nichts von den anderen."

Die Markensoziologie verlangt eine andere Sichtweise: Der Blick auf die direkten Konkurrenten im Markt darf nicht die eigene Strategie leiten, im Gegenteil: Es muss zunächst innerhalb des eigenen Unternehmens, der eigenen Marke, nach Besonderheiten und Alleinstellungsmerkmalen gesucht werden – denn mit Sicherheit kann gesagt werden: Kein Betrieb ist mit einem anderen identisch, auch wenn noch so ähnliche Produkte hergestellt werden. Schließlich entscheiden sich täglich Menschen ganz gezielt für oder gegen ein Angebot. Warum tun sie das? Weil sie konkrete Eigenschaften vermuten. Das können Gefallensurteile sein, Produktvorteile oder auch der Preis – egal, was es ist: Diese Unterschiede müssen erforscht, strukturiert und prägnant herausgestellt werden.

Die Reisebranche ist ein gutes Beispiel dafür, dass nur das Besondere für Anziehung sorgt: Kein Veranstalter käme auf die Idee, Werbung für Reisen nach San Francisco zu machen, ohne die Golden Gate Bridge, Alcatraz oder die Cable Cars zu zeigen – es sind Besonderheiten der Stadt, die weltweit einmalig sind und ihre touristische Anziehungskraft maßgeblich begründen. In jeder Werbung für Frankreich kommt der Eifelturm vor – obwohl er jedes Mal vorkommt. London nutzt den Big Ben, Rom das Kolosseum. Der Stadt Sydney ist es mit dem „Sydney Opera House" gelungen, neben dem Ayers Rock ein weiteres Wahrzeichen des fünften Kontinents in den Köpfen der Menschen zu verankern.

6.2 Das Besondere liegt im Unternehmen und ist immer konkret – Warum Qualität und Kompetenz nicht reichen

Viele Unternehmen tun sich schwer damit, ihre herausragenden oder einmaligen Leistungen und Besonderheiten in der Außendarstellung immer wieder nach vorn zu stellen. Folgende Argumente sind typisch:

- „Wer will heute noch wissen, ob wir vor über dreißig Jahren das erste ‚Freisicht-Hubgerüst' vorgestellt haben?"
- „Bei unserer Firma weiß sowieso jeder Kunde, dass wir aus Deutschland kommen."
- „Das Symbol mit dem Zimmermann ist total veraltet, wir wollen nicht mehr so altbacken daherkommen!"

- „So eine lange Erklärung zu den Besonderheiten unserer Maschine liest doch niemand!“
- „Wer außerhalb der Branche interessiert sich denn bitte für so ein Klebstoff-Patent?“

Gerade solche Aussagen sind relevant, denn sie deuten auf Besonderheiten hin, die oftmals in Vergessenheit geraten sind oder von den Verantwortlichen als unwichtig bzw. selbstverständlich hingenommen werden, aber den Erfolg des Unternehmens maßgeblich beeinflussen.

Der Mensch benötigt konkrete „erzählerische Anker“, die ihm die Besonderheiten und Eigenschaften eines Unternehmens verdeutlichen – speziell wenn er selbst Laie ist. Hat er dieses Material nicht, ist es ihm nicht möglich, anderen darüber zu berichten und somit seine Entscheidung nach außen zu rechtfertigen. Kein Mensch würde den Kauf einer Waschmaschine gegenüber seinen Freunden und Bekannten damit begründen, dass die Werbung so lustig oder erotisch war – täte er es, so machte er sich lächerlich.

> Nur das Besondere sorgt für Anziehungskraft.

Die Uhrenmarke Omega belegt ihre Markenkraft, indem sie produktbezogene Fakten beschreibt. Soziologie, Psychologie und Kommunikationswissenschaft wissen, dass sich Menschen unter abstrakten Begriffen nichts Wirkliches vorstellen können. Ein Begriff wie Qualität ist ein Wort, jedoch keine irgendwie greifbare Erfahrung. Unter Qualität stellt sich jede Person etwas anderes vor: Für den Chefdesigner einer Modefirma bedeutet Qualität etwas völlig anderes als für einen Ingenieur oder Kaufmann. Die Vorstellung davon, was Qualität ist, unterscheidet sich in Deutschland von der in Brasilien, Frankreich, Indonesien oder den USA. Die Tatsache, dass eine Uhr erwählt wurde, um 117 Weltraummissionen und sechs Mondlandungen zu begleiten, stellt unmissverständlich und konkret klar, was Qualität bei dieser Uhr bedeutet.

- *Abstrakt:*
  Omega-Uhren stehen für Qualität
  Omega-Uhren sind extrem robust
  Omega-Uhren sind etwas Besonderes
  Omega-Uhren sind hochwertig
- *Konkret:*
  11 Nasa-Tests
  9 Weltallflüge
  118 Missionen
  6 Mondlandungen
  eine Uhr

Ein Beispiel, wie ein Mittelständler die Robustheit eines Deckchairs einprägsam verankert hat: Der schleswig-holsteinische Fachgroßhändler für

Abb. 26: Mondreisen als besondere Kompetenz greifbar machen: die Omega-Uhr.

Quelle: OMEGA SA/Schweiz

Gartenmöbel Ploß & Co. stattet ein bekanntes Kreuzfahrtschiff mit Teakholz-Deckchairs aus. Dieser Umstand kann gezielt als Leistungsbeweis genutzt werden.

Aus der Tatsache, dass ein Deckchair auf dem Sonnendeck eines Kreuzfahrtschiffes steht, schließt der Mensch etwas sehr Konkretes: Es ist allgemein bekannt, dass auf See ein raues Klima herrscht und Salzwasser äußerst aggressiv ist. Wenn also dieser spezielle Deckchair von der Reederei ausgewählt wurde, dann muss es sich um ein widerstandsfähiges und damit qualitativ hochwertiges Produkt handeln. Ein Deckchair, der mit einem beschrifteten Schild „Qualitativ hochwertig" versehen ist, hätte diesen Effekt nicht – außerdem könnte dies jeder Anbieter ungeprüft von sich behaupten. Ein Bild dagegen, welches das Sitzmöbel auf dem Deck des Kreuzfahrtschiffes zeigt, ist für die Markendurchsetzung ungemein wirkungsvoller.

Aus einem (be-)greifbaren Sachverhalt „entwickelt" der Mensch eine abstrakte Wertung. In dieser Reihenfolge funktioniert menschliche Logik – und diese muss das Unternehmen in seiner Kommunikation berücksichtigen. Erst die konkrete Beschreibung bzw. Bebilderung von Leistung trägt dazu bei, ein Unternehmen in der Kundschaft zu verankern und es für neue Kunden interessant zu machen.

Abb. 27: Liegestühle auf dem Deck der MS Deutschland: Eine konkrete Referenz schafft ein positives abstraktes Urteil.

Quelle: Ploß&Co. GmbH

Der Mensch versteht nur konkrete Sachverhalte. Aus Fakten wird ein übergreifendes Urteil konstruiert. Fazit: Markenkraft basiert stets auf Fakten.

Im folgenden Abschnitt stellen wir Ihnen drei weitere Beispiele für die Verdeutlichung von Leistungen vor:

6.3 Wie man eine Leistung bemerkenswert macht – Die Hamburger Waste-Watcher und andere Praxisbeispiele

1 Million Tonnen Müll pro Jahr, 28 000 Sperrmülleinsätze, 8 900 Papierkörbe, die wöchentlich 33 156 Mal geleert werden und 2 500 Mitarbeiter: Die Hamburger Stadtreinigung vollbringt täglich eine bemerkenswerte Arbeit,

Abb. 28: Kompetenz in Sachen Müllbeseitigung: Ein siebenköpfiges „Sondereinsatzkommando" prägt das Bild der gesamten Stadtreinigung in überdurchschnittlicher Weise.

Quelle: Stadtreinigung Hamburg

die – und dies ist das Problem – so hervorragend erledigt wird, dass der Leistungscharakter im Alltag kaum fassbar ist. Über einen besonderen „Beweis“ demonstriert die Stadtreinigung ihre Fähigkeiten nachvollziehbar: die „Waste-Watchers“. Smarts fahren mit einer aufgeschnallten Mülltonne gut sichtbar durch die Stadt und verdeutlichen plakativ im „Kleinen“ die Leistung, die täglich im „Großen“ geschieht.

Gerade bei kleineren Betrieben ist es oft möglich, durch den gezielten Einsatz von Details eine Grenze zu den Mitbewerbern zu ziehen und ein förderliches Vorurteil zu etablieren: In dem stark umkämpften Markt der Teak-Gartenmöbel – es gibt ca. 20 verschiedene mittelständische Anbieter, deren Produkte im Design oftmals identisch sind – galt es für einen Fachgroßhändler, ein Differenzierungsmerkmal im Verkauf zu verankern. Es schien unrealistisch, mit einem begrenzten mittelständischen Werbeetat die Bekanntheit des Namens drastisch zu erhöhen. Deshalb wurde als Differenzierungsmerkmal jedem Möbel ein Säckchen mit Teaksamen angehängt. Der Preis für das Anhängsel betrug 15 Cent. Eine Ausgabe, die sich im Rahmen hält, aber dazu führt, dass sich Interessierte vielleicht nicht sofort den Namen des Unternehmens merken, aber in Verkaufsgesprächen sagen: *„Haben Sie den Stuhl XY? Der ist von dieser Firma mit den Teakbeutelchen an den Möbeln.“*

In der Branche der Menü- und Heimkostdienste herrscht starke Konkurrenz. Regelmäßig muss in Annoncen und Wurfsendungen investiert werden, um sich aus der Masse der Anbieter herauszuheben. Differenzierungsmerkmale sind äußerst spärlich – auch aufgrund der knapp kalkulierten Margen. Das Unternehmen HKH Hamburger Küche & Heimkost verankert seine Präsenz mit Hilfe eines aufmerksamkeitsstarken Details: So wird auf die 75 Fahrzeuge umfassende Lieferflotte jeweils ein gut sichtbarer Topf montiert. Aus dem Einerlei der mit Folien beklebten Lieferautos sticht dieses Unternehmen heraus und stellt auch die Armada der „trendigen“ Pizza- oder Sushi-Lieferdienste ins Abseits. Auch dieses Beispiel zeigt, dass ein Unternehmen, das in der Öffentlichkeit weniger großflächig präsent ist, sich prägnant darstellen kann. Hier geschieht es, indem mit einem spezifischen (aber passenden) Detail „gearbeitet“ wird, das mit einem Schmunzeln kommuniziert werden kann.

Bei einer Steakrestaurant-Kette wird die Rechnung auf besondere Weise überreicht: Auf der Vorderseite des Faltblattes bedankt sich die zuständige Servicekraft handschriftlich (mit Namen) und wünscht dem Gast einen schönen Abend. Viel konkreter und persönlicher kann Gastfreund-

Abb. 29: Die freundlich frisierte Rechnung im Steakhaus.

Quelle: Eigenes Bildarchiv

schaft – in einem solchen Rahmen – nicht zelebriert werden. Wie abstrakt und schwach ist dagegen ein maschinell aufgedruckter Satz auf dem Bon mit folgendem Inhalt: „Wir freuen uns, Sie bald wieder begrüßen zu dürfen." Für diese Instrumentierung wurde extra ein zusätzliches Faltblatt entwickelt, in welches die Rechnung „gebettet" wird.

6.4 Das besondere Bild wird zum Vorurteil – Wovon ein Allradantrieb und Jürgen Klinsmann profitieren

Dem Bild – genauer der Verbildlichung von Leistungen – kommt bei vielen der angeführten Beispiele eine besondere Rolle zu. Warum? Viele Marken haben sich durch Verankerung eines besonderen Bildes langfristig in das Gedächtnis der Menschen „eingebrannt" und so ein Positives Vorurteil installiert. An dieser Stelle soll die besondere Funktion des Bildes zur Einprägung von Vorurteilen an einer Produktmarke und einer „Personen-Marke" verdeutlicht werden.

Abb. 30 a und 30 b: Der Audi-Allradantrieb beim Leistungsbeweis: 1980 zur Markteinführung und 2005 zum Jubiläum.

Quelle: AUDI AG

Äußerst erfolgreich hat die Marke Audi es vermocht, die Überlegenheit des heute markentypischen permanenten Allradantriebs (Quattro) mittels einer TV-Werbung zu verdeutlichen: Zur Einführung des Allradkonzepts 1980 fuhr ein „normaler“ Audi 100 eine vereiste Sprungschanze hinauf. Dieses besondere Bild hat sich verselbstständigt und ist bis heute prägend für die Wahrnehmung der Marke: So prägend, dass Audi zum 25-jährigen Jubiläum des Quattro-Antriebs 2005 erneut einen Audi 100 (aktuelles Modell) eine Sprungschanze hinauffahren ließ.

Das Wirkmechanismus „konkret – abstrakt“ ist immer identisch, egal ob es sich um Produkt- oder Personen-Marken handelt – das folgende Beispiel aus dem Sport demonstriert dies: Aus der Tatsache, dass Jürgen Klinsmann in seiner aktiven Zeit als Fußballer einige Male in einem VW-Käfer-Cabrio zum Training gefahren ist und dieses bildhaft festgehalten und verbreitet wurde, leitet die Presse bis heute ab, dass Jürgen Klinsmann ein besonders individueller Typ ist – eben nicht der typische Fußballer mit einer üblichen Prestigekarosse von Porsche oder BMW. Diese Geschichte

Abb. 31: Fußballer und Individualist: Jürgen Klinsmann steigt 1994 vor dem Training im britischen Tottenham aus seinem VW Käfer.

Quelle: dpa-Sportreport/Fotograf: PA

hält sich seitdem und wird bei Bedarf immer wieder herangezogen, um zu belegen, wie anders Jürgen Klinsmann schon immer war – auch wenn ketzerische Kolumnisten behaupten, dass bei Jürgen Klinsmann in der Tiefgarage immer schon die „branchenüblichen" Fabrikate standen und er nur einmal mit dem Käfer zur Arbeit gefahren ist. Das besondere Bild, von dem konkret berichtet werden kann, brennt sich ein und wird zum schwer erschütterbaren Vorurteil.

6.4.1 Die Wunderstruktur als Garant für Aufmerksamkeit

Bei der Beschäftigung mit Marken fällt auf, dass es einigen Unternehmen gelingt, sich äußerst durchgreifend und schnell in den Köpfen der Menschen zu verankern. Es ist zu einfach, diese Durchsetzungskraft mit einem hohen Werbebudget oder einem besonderen Gespür für den Zeitgeist zu erklären. In vielen Fällen ist dies auch der Fall, markensoziologisch betrachtet gibt es allerdings Marken, die eine innere Struktur besitzen, die sie kommunikativ besonders ergiebig und durchsetzungsstark macht. Es sind Produktangebote, die Menschen geradezu herausfordern, sich über sie auszutauschen, sodass mitunter ein massenwirksamer Schneeball-Effekt eintritt, der jede noch so durchdachte Werbekampagne in den Schatten stellen kann.

Ein Beispiel: Die Ostheimer Privatbrauerei Peter war nahezu pleite. Dennoch wollte der Ehemann der Besitzerin seine Idee verwirklichen und rüstete das Badezimmer der Familie in ein provisorisches Braulabor um. Es ging ihm darum, ein gesundes Erfrischungsgetränk für Kinder zu entwickeln, das es bisher noch nicht gab: Zwar sollte es gebraut werden, aber kein Bier, kein Wasser, keine Milch und keine Limonade sein. Es sollte keinen Alkohol und ausschließlich natürliche Rohstoffe enthalten. Nach vielen Experimenten und Fehlversuchen isolierte Dieter Leipold einen Bakterienstamm, der beim Fermentieren den Zucker in der Bierwürze in Gluconsäure umwandelte: 1995 kam das Getränk erstmals in den Handel. Und zunächst geschah nichts. Die Kenntnis von dem neuartigen Produkt musste sich vervielfältigen, denn ein Werbebudget hatte die kleine Brauerei nicht. Der Zufall half mit: Über den Hamburger Getränkegroßhändler Göttsche kam das Getränk – das zuvor nur an Fitnessstudios und Kurbetriebe ausgeliefert wurde – in dortige Szenekneipen. Ob intendiert oder nicht, die Idee ging auf: Meinungsbildner wie Journalisten und Werber tranken es nicht nur, sie sprachen und schrieben auch darüber. Der Marketing-Mann nennt das Phänomen „Virales Marketing", der „normale" Beobachter spricht von Mund-zu-Mund-Propaganda. Die Bionade benötigte gut zehn Jahre, bis schließlich 250 Millionen Flaschen jährlich verkauft wurden – eine kurze Zeit für die Durchsetzung einer Marke, speziell unter bescheidenen Vorraussetzungen. Heute stellt das Produkt Bionade eine ernsthafte Alternative zu den Produkten des Coca-Cola Konzerns dar.

Diese Geschichte ist nicht nur im Hinblick auf die Marketingstrategie interessant, für die markensoziologische Analyse ist ein Aspekt entscheidend: Das neuartige Getränk lieferte Gesprächsstoff. Es nützt nichts, Menschen mit Multiplikatorfunktion zu erreichen, wenn das Produkt an sich nichts bietet, was sich erzählen lässt. Die Bionade besitzt Gesprächspotenzial, weil sie eine Verknüpfung bietet, die die Markensoziologie als „Wunderstruktur" bezeichnet. Es handelt sich nämlich um ein Getränk, das eine Limonade ist, ohne eine Limonade zu sein. Es ist allgemein bekannt, dass viele Erfrischungsgetränke alles sind, aber nicht gesund: Zucker, künstliche Aromen, zweifelhafte Süßstoffe. Soft-Drinks gelten als das Gegenteil von vollwertiger Nahrung. Durch den Namen Bionade und die tatsächliche Einlösung des Versprechens von einem gesundheitsbewussten Getränk verschmolz die Marke zwei sich – normalerweise – widersprechende Eigenschaften. Bionade war das erste Erfrischungsgetränk, das vollständig gesund und biologisch auftrat. Außerdem ist Limonade ein klassisches Kindergetränk, das jetzt Erwachsene begeistert trinken. Ein weiterer Wunderstruktur-Aspekt ist, dass Bionade als ein nichtalkoholisches Getränk *gebraut* und anschließend in eine typische Bierflasche gefüllt wird.

6.4.2 Wissenschaftlicher Hintergrund: Die Wunderstruktur

Genau betrachtet sind Faszination und Infektionskraft, die von Wunderstrukturen ausgehen, kein neuartiges Phänomen der modernen Warenwelt. Sie sind integraler Bestandteil der Kulturgeschichte – gerade deshalb wirken sie so fundamental. Eine der bekanntesten Wunderstrukturen tritt als Baudenkmal auf: Die Sphinx von Gizeh gehört zum Weltkulturgut. Sie verbindet den Körper eines Löwen mit einem Menschenkopf. In Mythen und Märchen spielt die Wunderstruktur stets eine herausragende Rolle: Die Meerjungfrau kommt bereits in Homers Odyssee vor, die heutzutage bekannteste sitzt seit 1913 an der Uferpromenade Kopenhagens. Mit dem Film „Arielle die Meerjungfrau" wurde sie erstmals 1989 für das junge Kinopublikum sehr populär, mittlerweile gibt es drei Teile der Disney-Produktion. Die Meerjungfrau vereint Mensch und Fisch und damit zwei unvereinbare Gestalten miteinander.

Auch in der Populärkultur finden sich Figuren, die diese Wunderstruktur aufgreifen und für Gesprächsstoff sorgen: Der Comic-Charakter Superman bevölkert seit dem Jahr 1933 Millionen von Comic-Heften. Es handelt es sich rein äußerlich um einen durchschnittlichen Mann, der allerdings fliegen kann und übermenschliche Kräfte besitzt. In dieser Figur vereinigen sich ebenfalls einander ausschließende Eigenschaften.

Es wird deutlich, dass die Verbindung von Widersprüchlichkeiten über Epochen und Kulturen hinweg seit jeher Faszination bei vielen Menschen hervorgerufen hat. Untersucht man den Alltag auf diese Strukturen, so finden sich zahlreiche Beispiele, wo dieser Sachverhalt auftritt, und es bieten sich schlagartig Erklärungen, warum es gerade dieser Persönlichkeit oder dieser Ware gelungen ist, sich im Gewirr unzähliger Angebote durchzusetzen.

In Sport, Politik und Gesellschaft finden sich aktuelle Beispiele für die Wunderstruktur. Vitali Klitschko ist eine bekannte Persönlichkeit im Bereich Sport. Der Ukrainer ist ein guter Boxer, aber gute Boxer gibt es einige: Besonders interessant ist Klitschko deshalb, weil er gleichzeitig Sportwissenschaftler mit Doktortitel ist. Prügeln und promovieren gehört im sozialen Ordnungsgefüge nicht zusammen – das ist die Energie, die Menschen und Marken bekannt macht. Das vorhergehende Beispiel vom „reichen" Fußballer Jürgen Klinsmann und seinem „billigen" VW-Käfer macht es ebenso deutlich. Ein Politiker wie Nicolas Sarkozy polarisiert – explodiert ist seine Popularität durch die Ehe mit Carla Bruni (ob zu seinem politischen Vorteil oder Nachteil, ist eine andere Frage, Bekanntheit bedeutet nicht automatisch Beliebtheit). Hier wurden kultivierte Vorstellungswelten vom rationalen und seriösen Politikbetrieb durch die Verbindung mit einer singenden Gattin aus der schillernden Modebranche erschüttert. In regelmäßigen Abständen bringt auch der klassische Musikbetrieb Solisten hervor, die für besondere Aufmerksamkeit sorgen: Vanessa Mae oder Nigel Kennedy sind Musiker, die großes Interesse hervorrufen, weil sie im Negligé oder in Jeans in den feinen Opernhäusern der Welt auftreten. André Rieu macht Violinkonzerte zu Massenveranstaltungen mit Schunkelfaktor – Eigenarten, die für diesen Bereich eher ungewöhnlich sind, teilweise sogar (informell) ausgeschlossen werden. Schließlich macht „man" sich für ein Konzert schön und ein Husten während der Aufführung gilt normalerweise bereits als Rauswurfkriterium – bei Rieu wird getanzt.

Abb. 32a und 32b: Promovieren und prügeln: kein Problem für den Ukrainer.

Quelle Abb. 32a: dpa/Foto: epa/Andrey Gudzenko (promovierend)
Quelle Abb 32b: dpa-Sportreport/Foto: epa/Brendan McDermid (prügelnd)

Menschen greifen diese logischen Konflikte auf, weil sie in der Lage sind, sich der kollektiv geteilten Orientierungen zu vergewissern – auch wenn im ersten Moment das Gegenteil erreicht wird und eine Irritation eintritt. Gerade weil übliche Ordnungen und Kenntnisse punktuell oder situationsbedingt aufgehoben werden, stärkt dies im sozialen Austausch über die „Ausnahmeerscheinung" die Regel als solche. Für Medien sind diese Art Geschichten besonders lohnend: Sie verdienen ihr Geld damit, kleine und große Sensationen zu finden und zu vermelden. Journalisten filtern intuitiv aus dem Angebot jene Nachrichten heraus, die zu Erstaunen, Unverständnis oder Irritation führen. Egal, ob Bionade „gesund" ist oder eine kleine Firma aus der Provinz den Branchenriesen das Fürchten lehrt – kostenlose PR-Effekte sind garantiert, weil solche Fakten Interesse hervorrufen. Goethe hat diesen Zusammenhang auf den Punkt gebracht und Faust in den Mund gelegt: „Das Wunder ist des Glaubens liebstes Kind." Problematisch wird es, wenn – wie im Fall Bionade – ein Branchenriese wie die Radeberger-Gruppe kommt (gehört zu Dr. Oetker) und den profitablen David zum heimlichen Goliath macht. Es ist fast unmöglich, in dieser Konstellation die Authentizität einer Marke zu wahren, die sich über ihr kultig-kreatives Anderssein definiert hat. Das Wunder ist vorbei und der Glaube lässt dann naturgemäß nach… (zuvor hatten bereits starke Preiserhöhungen für Verstimmung in der Kundschaft gesorgt).

Die Markengeschichte bietet zahlreiche Beispiele, bei denen es gelang, scheinbare Antagonismen aufzulösen und damit besondere Aufmerksamkeit und Durchsetzungskraft zu erzeugen. Jede leistungsernste Innovation, die vertraute Auffassungen irritiert, führt zu Interesse: Denken Sie an gelbe Notizzettel von Post-it – ein Zettel, der klebt, ohne zu verkleben, oder an die Nivea-Creme, die erstmalig Pflegeöl und Wasser vermischt hat. Auch Light-Getränke üben Faszination aus, weil sie süß sind, ohne natürliche Zucker zu enthalten. Der Marke Mercedes-Benz gelang es mit dem Stahldach des SLK 1996 erstmalig, ein Fahrzeug anzubieten, das ein Cabrio und gleichzeitig ein Coupé ist. Das mittelständische Unternehmen Prefa verkauft Dächer aus Aluminium – für den Laien ungewohnt. Das Dach ist im Gegensatz zu Ziegeln bruchsicher und leicht, Attribute die man ansonsten mit einem Dach nicht verbinden würde. Kaugummis sind heute nicht mehr zwangsläufig zahnschädigend, spezielle Zahnpflegekaugummis können Zähne sogar schützen.

Erfolgreiche Produkte bündeln ihre Kompetenz beharrlich in überschaubaren Brennpunkten, die auf Resonanz stoßen, weil sie irritieren. Dies ist sicherlich nicht bei jeder Marke einfach, aber oft finden sich Nischen und Besonderheiten, die interessant für Außenstehende wirken können. So sollte eine kleine Baumschule, die den Weihnachtsbaum für den Roten Platz in Moskau liefert, eben diese Tatsache immer wieder erwähnen. Kein Mensch würde erwarten, dass eine Baumschule einen solchen Kunden vorweisen kann.

Es geht bei den beschriebenen Beispielen nicht darum, künstliche Differenzierungsmerkmale zu schaffen, die eine Marketingabteilung oder Werbeagentur erfindet, sondern es handelt sich um Waren oder Dienstleistungen, die durch die kreative Leistung des Entwicklers auf ganz besondere Energien zurückgreifen können. Nur zu oft werden Menschen mit Slogans, Aussagen und Bildern konfrontiert, die im Grunde genommen keine wirkliche Nachricht haben – Wunderstrukturen werden frei erfunden. Dies vernichtet allenfalls Geld. Denn wenn ein Unternehmen versucht, Eigenschaften zu repräsentieren, die nicht wirklich realisiert werden, beschleunigt dies den Niedergang um ein Vielfaches. Rosser Reeves schrieb bereits vor einem halben Jahrhundert: *„Einen Anspruch zu erheben auf etwas, was das Produkt nicht besitzt, heißt nur die Häufigkeit steigern, mit der der Verbraucher das Fehlen bemerkt.“*[9]

7 Was ist Marke nicht?

7.1 Marke ist keine Bilder- und Schlagwortsammlung – Warum „Kundenorientierung" nichts bringt

In der Werbung – aber auch im Tagesgeschäft – werden die hier vorgestellten kommunikativen Grundgesetze häufig ignoriert: Die wenigsten Menschen würden sich einem Fremden mit den Worten vorstellen, sie seien ein „Mensch" und hätten „zwei Arme und zwei Beine." In der Werbung findet oftmals genau das statt: Es werden keine firmenspezifischen Leistungen gezeigt, stattdessen Hochglanzbilder, die Emotionen auslösen sollen – aber keinen Rückschluss auf das beworbene Produkt zulassen! Eine Entwicklung, die auf die zunehmende Entfremdung zwischen den Unternehmen und den Werbetreibenden zurückzuführen ist. Statt einer soliden Analyse des Leistungsportfolios (die viel Arbeit bedeutet) zieht sich die Marketingabteilung oder eine Werbeagentur aus der Affäre, indem mit Schlagworten (die immer parat sind) möglichst wenig Spezifisches ausgesagt wird. Das (er)schlagende Argument: Wir müssen mit „emotionalen" Faktoren werben. Häufig wird verbreitet – auch von Unternehmensmitarbeitern –, dass das Produkt an sich unwichtig sei, schließlich *„habe es nichts Besonderes zu bieten".* In diesem Zusammenhang fällt oft das Wort von der so genannten „Cash-Cow", dem „Brot-und-Butter"- oder „Low-interest"-Produkt. Wenn dem Produkt seine Anziehungskraft bereits in der Wortwahl abgesprochen und damit suggeriert wird, nur noch „produktfremde" Inhalte könnten die Marke stärken, fällt es den Beteiligten noch leichter, Motive „abzunicken", die austauschbar sind und nichts mit dem Angebot zu tun haben.

Wer einmal einen Fachverkäufer beobachtet hat, der einem Kunden eine Bohrmaschine oder einen Kühlschrank anempfiehlt, weiß, dass hier „Emotionen" vollkommen wirkungslos sind. Hier zählen faktische Argumente. Erzählen Sie einem Fachverkäufer, dass er seine Produkte ab jetzt nur noch mit Emotionen anpreisen darf – er wird es Ihnen danken. Auch der Käufer wird anschließend gegenüber seiner Familie die Entscheidung zugunsten von Spülmaschine XY nicht allein mit Emotionen wie Freude, erotischer Anziehungskraft und Geborgenheit begründen. Die Tatsache, dass Verbraucherplattformen immer größere Bedeutung für die Kaufentscheidung bekommen, macht klar, inwieweit hohe Anteile der klassischen Werbung (und der Arbeit vieler Werbeagenturen) bereits an den Bedürfnissen potenzieller Kunden vorbeiarbeiten. Denn auf den zahlreichen Internet-Verbraucherportalen zählen allein Fakten und überprüfbare Eigenschaften, die dezidiert bewertet werden – hier haben bunte Bilder, Promis und „schmissige" musikalische Untermalung keinerlei Relevanz.

Der Werber Rosser Reeves bringt 1963 das scheinbar zeitlose Phänomen falsch verstandener Kreativität in der Werbebranche auf den Punkt: *„Viele Werber unterstellen, dass Originalität und das Ausgefallene eine geheimnisvolle Kraft haben. Folglich muss eine Anzeige Aufmerksamkeit erzielen. Dies ist ein typisches Beispiel für die Verwechslung von Mittel und Zweck, denn wenn das Produkt es wert ist, Geld dafür zu bezahlen, dann ist es auch wert, dass ihm Aufmerksamkeit geschenkt wird."*[10]

Zu welchen verheerenden Auswirkungen die beschriebenen Tendenzen führen, wird deutlich, wenn man die Unternehmensphilosophien beliebiger Firmen aus unterschiedlichsten Branchen vergleicht. In gut 80 Prozent aller Beschreibungen finden sich folgende Begrifflichkeiten bzw. die jeweiligen Adjektive:

- Qualität
- Tradition
- Innovation
- Zukunft/zukunftsorientiert
- Kompetenz
- Zuverlässigkeit
- Kundenorientierung
- Serviceorientierung/Servicequalität

Wenn die beschriebene Firma nicht explizit mit Namen erwähnt wird, lässt die Beschreibung alleine oftmals keinen Rückschluss zu, um was für ein Unternehmen es sich handelt oder welche Produkte es anbietet.

Es werden Begriffe benutzt, die jeder Anbieter nutzt, die demnach keinerlei Differenzierungsmerkmale setzen können und die Marke in keiner Weise hervorheben – und dies an einer entscheidenden kommunikativen Schnittstelle: dem Selbstverständnis. Innovativ und kompetent will jeder sein, qualitäts- und serviceorientiert auch, kundenorientiert sowieso. Gerne werden diese Begrifflichkeiten auch direkt miteinander verwoben, dann steht am Ende: „Innovativ aus Tradition" oder „Aus Tradition leisten wir Qualität".

Für die Markenkraft ist es vernichtend, wenn Unternehmen derlei Begrifflichkeiten für ihre kostspielige Werbung nutzen, weil diese Werbung keinerlei Erinnerung hervorruft. Selbst mit massivem Einsatz erreichen solche unspezifischen Botschaften nicht ihr Ziel: Die Marke wird in der Öffentlichkeit nicht mit einer konkreten Leistung verbunden und damit nicht verankert. Fazit: Der Einsatz war umsonst.

Der Mensch kann nur in konkreten Zusammenhängen denken. Die Darstellung einer Firma ist kein Sonderfall menschlicher Kommunikation.

7.2 Marke ist kein Wunschkonzert – Austauschbarkeit durch 24h-Wettbewerbsbeobachtung

Die Folgen der zuvor beschriebenen Entwicklung sind überall im Markt zu beobachten: Es findet keine ausreichende Differenzierung zwischen den einzelnen Unternehmen und ihren Marken statt.

Marktforschungsstudien oder – im Mittelstand verbreitet – ständige Beobachtung des Wettbewerbs im Allgemeinen und der direkten Konkurrenz im Speziellen (durch den Außendienst) bewirken ihr übriges: Es wird versucht, jeden Schritt anderer Marktteilnehmer nachzuahmen oder vorauszuahnen, ohne sich vorher zu fragen, ob diese oder jene Entwicklung tatsächlich zu dem eigenen Unternehmen passt. Der einfache Blick nach außen macht den – deutlich schwierigeren – Blick nach innen vergessen. Schließlich kommt es in allen Bereichen zu Annäherungen, die dem Kunden oft keine Chance mehr bieten, „seine" Marke in der Masse des Angebotes zu erkennen, weil jede Firma für alles stehen bzw. alles anbieten will.

Wer mit seiner Marke alles sein will, ist nichts.

Die Entwicklung hin zur inhaltlichen Angleichung stammt von multinationalen Konzernen: Der Komplexitätsgrad unterschiedlicher Arbeitsbereiche ist dort inzwischen so hoch, dass das Wissen um die eigenen Leistungen nicht mehr gebündelt vorliegt – jedenfalls mit Sicherheit nicht in den Abteilungen, wo die Kampagne initiiert wird. Irgendwann wusste sich das Unternehmen nur noch mit „lachenden Kindern", „witzigen Slogans" oder „Menschen, die gemeinsam an einem Tau ziehen" zu helfen.

Viele Mittelständler haben sich an dem (schlechten) Beispiel der „Großen“ orientiert. Die Tatsache, dass hier Werbeagenturen eingesetzt werden, die sich oft weniger für das Unternehmen selbst als für die Kreativität und den Witz der eigenen Kampagne interessieren und eine Orientierung an allgemeinen Trends in der Werbung vornehmen, wirkt ebenfalls kontraproduktiv – auch wenn die Kampagne noch so witzig ist.

Gerade der Mittelstand, der durch eine Vielzahl von Spezialisierungen geprägt ist und bei dem wichtiges Wissen oftmals noch in wenigen Händen gebündelt vorliegt, müsste sich seiner Stärken bewusst sein und über die eigenen Leistungen berichten – beispielsweise in einem Informationsmedium wie dem Internet, wo die Fläche dafür mit wenigen Einschränkungen und nahezu kostenlos zur Verfügung steht.

Teil 2

Anleitung zur Unverwechselbarkeit im Mittelstand

Ihre Leistungen sind der Schlüssel

„Das Markengesicht ist ein Zusammenklang
sämtlicher wesentlicher Besonderheiten und
Eigenschaften des Markenartikels,
die nach erfolgreicher Einführung
nicht mehr getrennt werden dürfen."

Hans Domizlaff

1 Das Material, aus dem Erfolge sind: Erfolgsbausteine von Marken

1.1 Wie Sie die Erfolgsbausteine einer bestehenden Marke heben

Die Kenntnis um die eigenen Leistungen bildet die Grundlage für einen effektiven Markenaufbau und eine langfristige Markenstärkung. Doch wie wird eine Marke steuerbar, und was konkret ist bei der Ausarbeitung einer Strategie zu beachten?

Wichtigste Grundlage bei der Analyse des Markenbauplans ist eine genaue und vor allem detaillierte Kenntnis der Geschichte des Unternehmens von der Gründung bis heute. In der Realität führt die bequeme Ansicht, Marke sei Logo, Emotion und Image-Werbung dazu, dass die Marke als chronologische Abfolge typischer Leistungen nicht erkannt wird. Folglich spielt die Geschichte des Unternehmens kaum eine Rolle – außer zum Firmenjubiläum, wenn nach Inhalten für die obligatorische Hochglanzchronik gesucht wird. Produkte der ersten Stunde, erste Werbeauftritte, Korrespondenzen, eingestellte Produkte, Reaktionen von Kunden, Fotos, alte Maschinen – sie alle wandern sehr schnell in dunkle Keller und geraten damit in Vergessenheit. Im Archiv verstaubt das Geheimnis und Gedächtnis des Unternehmenserfolgs.

Marke ist – wie dieses Buch darstellt – sehr viel mehr als definierte Gestaltungsrichtlinien, ein exakt gemessener Sympathiewert oder eine markante Verpackung. Marke beruht auf der Gesamtheit der Leistungen, die von einem Unternehmen bis zum heutigen Tag erbracht wurden.

Im Folgenden möchten wir Ihnen anhand konkreter Beispiele aus der Markenwelt zeigen, wie einzelne Unternehmen ihre Leistungen wirksam zum Aufbau und zur Festigung der Marke im Wettbewerb einsetzen.

1.1.1 Wie Sie die Erfolgsbausteine Ihrer Marke finden

Die Markensoziologie „hebt" jene Eigenschaften, die über die Zeit in typischer Weise wiederholt wurden und damit die Markengestalt konstituieren. Am Ende dieser Arbeit verfügt das Unternehmen über einen Bauplan, um die besonderen Leistungen des Unternehmens gezielt zur Stärkung und strategischen Steuerung der Marke einsetzen zu können.

Die typischen Eigenschaften eines Unternehmens sind die so genannten *Erfolgsbausteine der Marke*. Sie sind die erfassbaren Leistungsbeweise. Diese *Bausteine* sind die Ursache für den Erfolg des Unternehmens im Markt. In der Regel verfügt eine Firma – je nach Komplexitätsgrad und historischer Verankerung – über sechs bis zwölf dieser *Bausteine*. Einzelne *Erfolgsbausteine* können durchaus von der Konkurrenz ebenso angeboten werden, in der Kombination mit weiteren Leistungen ergibt sich jedoch immer ein einzigartiges *Erfolgsprofil*. Wer die Marken Coca-Cola und Pepsi ganz sachlich vergleicht, könnte zu dem Schluss gelangen, dass beide Firmen ein – nach Geschmack geurteilt – ähnliches Cola-Erfrischungsgetränk anbieten. Dennoch bestehen im Markt vollkommen unterschiedliche Wahrnehmungen beider Marken – das Rezeptur-Geheimnis ist nur ein *Erfolgsbaustein* unter mehreren.

Beispiele aus der markentechnischen Praxis sollen das grundlegende Prinzip der Analyse von *Erfolgsbausteinen* illustrieren und deutlich machen, dass seriöser Markenaufbau nichts mit nebulösen Imagebeschreibungen zu tun hat. Jedes „Image" hat eindeutige Ursachen.

Selbst ohne tiefergehende Kenntnis kann für die folgenden Marken allgemein festgehalten werden:

Image:

- Die ARD ist seriös.
- Ramazotti ist „dolce vita".
- Schamel-Meerettich hat Tradition.
- Ein Fahrzeug von Jaguar steht für elegante Dynamik.

Entscheidend ist, was die hier aufgeführten Unternehmen unternommen haben, um diese Images zu erzeugen. Dabei ist es für die Analyse vollkommen unerheblich, ob es sich um ein kleines, mittleres oder multinationales Unternehmens handelt.

Nach einer markentechnischen Analyse erweitert sich das Schaubild folgendermaßen:

Ursache/Erfolgsbaustein	Image
Die Tagesschau	Seriosität
Gesicherte Herkunft Italien/Mailand	Ramazotti ist „dolce vita"
Slogan: Das Original aus Bayern seit 1846	Schamel-Meerettich hat Tradition
Symbol: Der Jaguar	Jaguar ist Eleganz und Dynamik

Abb. 33: Jedes Image hat konkrete Ursachen.

Quelle: Büro für Markenentwicklung

Zur Klarstellung: Jede der aufgezeigten Marken besteht nicht nur aus dem aufgeführten Erfolgsbaustein, sondern aus mehreren verschiedenen, die hier nicht aufgeführt sind, aber erst in ihrer Gesamtheit den Markenbauplan bilden.

Schauen wir uns die Marke ARD und ihren Erfolgsbaustein „Tagesschau" noch genauer an:

Realisierungen	Ursache/Erfolgsbaustein	Wirkung/Image
Gong und Fanfare	Die Tagesschau	Die ARD ist seriös
Fester Sendeplatz		
Texte werden vorgelesen (keine spontanen Kommentare)		
Gehobener Kleidungsstil der Moderatoren		
Feststehende Studiogestaltung		

Abb. 34: Aufbau eines Images über kontinuierlich wiederholte Handlungen.

Quelle: Büro für Markenentwicklung

Die Beispiele machen deutlich, wie sich Markenkraft entwickelt: Über spezifische Leistungen (Ursache/Erfolgsbaustein), die durch Realisierungen (Handlungen, Auftritt, Produkteigenschaften) für Außenstehende sicht- und greifbar – also auch erzählbar – werden, entstehen bestimmte Images/Wirkungen.

Erfolgsbausteine sind an folgenden Merkmalen erkennbar:

- *Erfolgsbausteine* tragen zur Wertschöpfung des Unternehmens bei und bedingen den wirtschaftlichen Erfolg einer Firma maßgeblich.
- Sie werden vom Unternehmen gepflegt, weil sie auf Resonanz treffen, Gefallen oder Faszination bei Käufern auslösen. Im Rahmen der *Selbstähnlichkeit* wurden/werden sie stets den Erfordernissen der Zeit angepasst.
- Ihre Wirkungen sind direkt für die Konsumenten erfahrbar.

Wenn ein Unternehmen in wirtschaftliche Turbulenzen gerät, dann liegen die Gründe dafür sehr oft in der Vernachlässigung von *Erfolgsbausteinen* und parallel dazu in der Abnahme von *Selbstähnlichkeit.*

> Erfolgsbausteine sind die entscheidenden Stärken eines Unternehmens, welche es *intuitiv* oder *gezielt weiterentwickelt* und im Markt durchgesetzt hat.

Nahezu jedes Unternehmen führt im Lauf seiner Geschichte Produkte, Dienstleistungen, Spezialisierungen in den Markt ein, die sich als nicht tauglich erweisen und daher über kurz oder lang wieder abgeschafft wurden. Zumeist haben sich diese Investitionen nicht gerechnet und wurden deshalb fallen gelassen. Diese Sachverhalte sind wichtig, sie zeigen die (stilistischen und inhaltlichen) Grenzen einer Marke auf, offenbaren sich allerdings erst in der langfristigen Untersuchung.

Es wird deutlich, warum die Analyse bei der Gründung ansetzt. Für den Markensoziologen sind dauerhafte – positive wie negative – Entwicklungen entscheidende Indizien bei der Herausarbeitung des *Erfolgsprofils der Marke.*

Die *Bausteine* der Marke sind nicht auf nur einen Bereich wie Marketing, Werbung oder Entwicklung begrenzt. Vielmehr sind sie in allen Bereichen zu finden, die für die Kundschaft erfahrbar sind.

Zwei Beispiele: Für einen privaten Radiosender ist nicht ausschließlich ein „typisches" Musikformat entscheidend, um sich als Marke zu positionieren. Für die wirtschaftliche Entwicklung des Senders ist genauso wichtig, wie die Werbekunden eingebunden sind, ob beispielsweise Sonderwerbeformate bestehen oder ob die Moderation auf einen Werbeauftrag zugeschnitten werden kann. Vielleicht ist es gelungen, über die Zeit im Publikum für besonders „einfallsreiche" oder „witzige" Werbeformen zu stehen. Bei einer

Firma, die Staubsauger verkauft, werden nicht nur die Leistungsmerkmale des Staubsaugers eine Rolle spielen, vielmehr können der Vertrieb oder besondere Serviceleistungen entscheidend für die Wahrnehmung sein.

Die Suche nach den *Erfolgsbausteinen* muss daher alle Bereiche des Unternehmens umfassen. Es sollten folgende Gebiete – je nach Tätigkeitsfeld – untersucht werden:

- Gründungsidee
- Historie
- verwendete Rohstoffe
- Forschung/Entwicklung
- Produktion
- Einkauf
- Produkte
- Vertrieb/Distribution
- Dienstleistungen/Service
- Werbung
- Mitarbeiter

Die Ergebnisse werden unter anderem auf folgende Fragen hin geprüft:

- Sind bestimmte Aktionen besonders wichtig für die Wirtschaftlichkeit des Unternehmens?
- Welche Unternehmensleistungen sind alleinstellend?
- Welche Unternehmensleistungen machen das Unternehmen im Markt überlegen?
- Sind bestimmte Produkte, Handlungen oder Services über lange Zeit (bis heute) – in zeitlich angepasster Weise – angeboten worden?
- Offenbart die chronologische Entwicklung des Unternehmens immer wiederkehrende Stärken?
- Welche Produkte/Entscheidungen waren besonders erfolgreich?
- Welche Produkte/Entscheidungen erwiesen sich als nachteilig für das Unternehmen?
- Welche positiven Vorstellungen bestehen heute im Markt über das Unternehmen? Welche Attribute werden ihm zugeordnet?
- Verfügen Mitarbeiter über besondere Qualifikationen?

1. 1.2 Die Realisierungen der Erfolgsbausteine

Die *Erfolgsbausteine* lassen sich noch näher beschreiben. Dies wurde am Beispiel der Tagesschau und den aufgezeigten *Realisierungen* deutlich. Hier ein Beispiel aus dem Mittelstand: Ein Produzent von Küchenmöbeln ist seit langem für seine hohe Lieferbereitschaft bekannt. Was gerne unter dem Begriff „Serviceorientierung" zusammengefasst wird, erfasst der Markensoziologe konkreter mit „hohe Lieferbereitschaft". Dies ist allerdings zur Steuerung noch nicht ausreichend. Eine weitergehende Analyse fördert zu Tage, dass die „hohe Lieferbereitschaft" ein Resultat folgender *Realisierungen* ist:

- großes Lager von XX qm ermöglicht die Lagerung zahlreicher Artikel über die gesamte Saison
- eigene LKW-Lieferflotte mit XX Fahrzeugen ermöglicht flexible Distribution
- spezielles Warenwirtschaftssystem XX, das den schnellen Zugriff auf die Produkte sicherstellt

Diese Unternehmenshandlungen im Tagesgeschäft werden in der Markensoziologie als *Komponenten* bezeichnet. *Komponenten* unterliegen einer zeitgemäßen Interpretation und können angepasst werden. Vielleicht stellt sich zukünftig heraus, dass sich der Versandvertrieb als besonders chancenreich entwickelt, dann ist der Unternehmensverantwortliche aufgefordert, dem Erfolgsbaustein „hohe Lieferbereitschaft" zu entsprechen und muss eine markentypische Interpretation dieser Vorgabe entwickeln.

1. 1.3 Das Ergebnis: Ihr Markenbauplan

Am Ende einer Markenanalyse steht ein *Markenbauplan*. Er bündelt sämtliche von der Marke über längere Zeit „typisch" erbrachte Eigenschaften: die Erfolgsbausteine und ihre Komponenten.

Mit dem *Markenbauplan* werden alle im Tagesgeschäft gepflegten Leistungen erfasst und definiert. Diese Ursachen können jetzt von der Unternehmensleitung gezielt gesteuert werden. Zukünftige strategische Entscheidungen haben eine Grundlage und Absicherung: Wofür stehen wir und wofür nicht? Neben der strategischen Führung stellen die Inhalte das Material für eine einzigartige und unverwechselbare Darstellung in der Öffentlichkeit zur Verfügung. Der *Markenbauplan* ist die „Waffenkammer des Unternehmens".

> Die eigenen Leistungen zu kennen bedeutet, ihre Wirkungen gezielt einsetzen zu können.

Die zugrunde liegende Recherchearbeit gelingt nie von außen, sondern nur mit dem (oftmals intuitiven) Wissen der Belegschaft. Die Analyse der Marke sollte so viel Fachwissen wie möglich zusammenführen. Deshalb muss auf das Sachverständnis der Mitarbeiter aus allen Abteilungen und Hierarchiestufen zurückgegriffen werden. Häufig stellt sich heraus, dass die seit 22 Jahren am Empfang tätige Telefonistin mehr um die „schlummernden Energien", die „kraftvollen Vorurteile der Kunden" oder „die Schwachstellen im Service" weiß als der Geschäftsführer.

1.1.4 Die Rolle der Marktforschung

Der markensoziologische Ansatz ist für Marketingexperten oft ungewohnt: Es ist geläufig, eine Marke nach Beschreibungen des „Marktes", also der Einschätzungen der Kunden oder gar potenzieller Kunden, einzuordnen. Typische Leitfragen sind vor diesem Hintergrund:

- Wie werden wir im Markt gesehen?
- Was sagen unsere Imagewerte aus?
- Für was stehen wir im Markt?

Der markensoziologische Zugriff funktioniert umgekehrt: Der Markensoziologe geht davon aus, dass sich ein Unternehmen zunächst bewusst sein muss, was es selbst ist, bevor es andere befragt, wie es wahrgenommen wird. Wie soll ein Mensch, der zufällig befragt wird oder in einem Gruppeninterview mit anderen Probanden diskutiert, Ihnen Substanzielles über Ihre Marke erzählen? Diese Menschen werden meist gezielt so ausgewählt, dass sie keine Experten sind. Sie können Eindrücke über Ihre Marke, Momentaufnahmen wiedergeben, wissen aber grundsätzlich nicht, wer Sie sind. Das klassische Marketing sucht stets nach Marktlücken und Marktbedürfnissen, was automatisch die eigene Positionierung der Marke gefährdet.

Höchst problematisch wird es, wenn aus diesem Meinungsforum heraus neue Strategien für die Marke abgeleitet werden. Stellen Sie sich vor, man fragt Menschen, wie viel sie höchstens für ein Polohemd bezahlen möchten: Wahrscheinlich möglichst wenig. Können solche Aussagen eine Richtschnur für Marken wie La Martina oder Polo Ralph Lauren sein? Der hohe Preis ist konstituierend für den Erfolg dieser Marken. Penny dürfte auch nicht beginnen, teure kulinarische Spezialitäten anzubieten, nur weil in einer Umfrage bemängelt wurde, dass es bei Penny zu billig ist. Es geht darum, die Seele der Marke immer im Auge zu behalten.

Deshalb untersucht der Markensoziologe zunächst das Unternehmen, denn nur hier liegen steuerbare und damit relevante Ursachen. Die Kernfrage ist:

- Was machen *wir* so, dass wir im Markt auf diese oder jene Weise angesehen werden?

Für den Markensoziologen sind die Ergebnisse der Marktforschung nicht unwichtig. Im Gegenteil. Wenn, wie zuvor beschrieben, jedes Image auf konkreten Ursachen beruht, so müssen sich die Auswirkungen der ermittelten Ursachen in der Marktforschung widerspiegeln. Ein Abgleich der Ergebnisse mit der Marktforschung ist daher sinnvoll.

Was geschieht, wenn die Marktforschung zum einzig relevanten Parameter gekürt wird, soll das folgende Branchen-Szenario verdeutlichen. Die Mechanismen sind extrem, aber die systemischen Ähnlichkeiten mit anderen Branchen eindeutig.

Kaum eine Branche richtet ihre Aktivitäten in so radikaler Weise an der Marktforschung aus wie die der privaten Radiosender. Was irgendwann als Mittel der Kundengewinnung begann, erweist sich heute als Ursache für den „Einheitsbrei" im Radio, der dem Hörer eine Unterscheidung zwischen den Sendern oftmals unmöglich macht: Viele Sendermarken besitzen kein eigenständiges Profil mehr, weil die Musikauswahl nur noch nach „Mafo-Kriterien" geschieht und die Moderation keinerlei Ecken und Kanten vorweisen darf, um niemanden zu verstören. Alles wird abgeprüft:

- Wie viele Hörer um welche Uhrzeit?
- Wann wird was gehört und von wem?
- Was hat sich bei den Hörern verankert?
- Wie viele Sekunden wird Titel XY gehört?
- Wo – beim Frühstück, im Auto oder im Büro?
- Welcher Song trifft auf welche Resonanz? Ist die Wettermoderation zu lang?
- Welcher Moderator wird wie sympathisch empfunden?

Es gibt nichts, was im Wettkampf der Sender noch nicht herausgefunden und geprüft wurde. Über die so genannten „MA-Studien" hinaus erarbeiten die Sender dezidierte Eigenstudien, um den Empfindungen der

Hörerschaft noch besser nachzuspüren. Einziges Motto: Wissen-wollen-was-der-Markt-will!

Dahinter steckt – wie in den meisten Branchen – die Angst, irgendetwas falsch zu machen und Marktanteile an die Konkurrenz zu verlieren. Die Frage nach dem Zweck und der Bestimmung dieser teuren Analysen führt bei den Radiomachern meist auf vollkommenes Unverständnis: *„Wie wollen Sie die Marke entwickeln, wenn nicht auf die Reaktionen des Marktes?"* Oder: *„Radiosender sind eben Wirtschaftsunternehmen, und unser Erfolg steht und fällt mit den Marktkennziffern."* Oder: *„Wie soll ich denn gute Quoten erreichen, wenn ich nicht weiß, was unsere Hörer gerne hören?"* Wie in vielen anderen Märkten, so klingt es auch aus der Programmredaktion: *„Der Markt regiert uns."* Der Markensoziologe weiß, dass „der Markt" das exakte Gegenteil von Marke ist – branchenunabhängig. Der Markt „regiert" auch niemanden, der Markt „reagiert" höchstens auf etwas. Der Markt ist die Summe aller Marktteilnehmer und besitzt keinen eigenen Willen. Was also geschieht, wenn die Marktergebnisse die Markenverantwortlichen steuern?

Drei Folgen der absoluten Markt-Hörigkeit:

- Folge 1: Anpassung
- Folge 2: Austauschbarkeit
- Folge 3: Hohe Werbe- und PR-Investitionen

Folge 1: Anpassung – Alle reagieren auf das Gleiche.

Wenn sich eine Marke am Markt orientiert, so stellt sie ihr eigentliches Merkmal in Frage. Marktanalysen offenbaren in professioneller Weise, was die Gesamtheit aller befragten Menschen erwartet bzw. was exakt definierte Ausschnitte des Marktes wünschen. Diese Ergebnisse sind das Material für die Markenmanager, um den vermeintlichen Bedürfnissen passgenau zu entsprechen. Problematisch ist nur, dass alle Anbieter die Entwicklungen *eines* Marktes beobachten.

Folge 2: Austauschbarkeit – Alle sind alles.

Wenn alle die identischen Ergebnisse vorliegen haben und sich an ihnen orientieren, dann handeln auch alle gleichartig. Jeder möchte die statistisch analysierten Daten und die erkannten Marktpotenziale optimal nutzen. Konsequenz: Das Unternehmen „sendet" nicht mehr, sondern wird zum Empfänger. Es reagiert auf empirisch untermauerte Bedürfnisse. Die Marke wird zum Spiegelbild des Marktes, aber sie ist nicht mehr das Besondere, denn das Besondere ist niemals durchschnittlich: Anziehungskraft entwickelt für Menschen aber nur das Besondere.

Für die Branche bedeutet dies: Wenn unterschiedliche Marken wie gebannt den gleichen Markt beobachten und ihr Programm den vermeintlichen Resultaten anpassen, dann gleichen sich die Angebote einander an. Das entscheidende Kriterium für Marke löst sich buchstäblich im Markt auf: das Alleinstellungsmerkmal. Es entsteht das, was der Volksmund häufig als den „Einheitsbrei im Radio" kritisiert – der Volksmund, der laut MA ursächlich für das Programm ist.

Folge 3: Werbeinvestitionen steigen – Alle lärmen lauter.

Wenn keine unterscheidbaren Sendeformate mehr vorliegen, kommt Werbung und PR die entscheidende Rolle zu: Jetzt soll die Werbung die Differenzierungsmerkmale schaffen, die die eigentliche Produktleistung – das Sendeformat – nicht mehr erbringt, weil sich alle Anbieter auf der Jagd nach der größten Schnittmenge den Erwartungen der Hörer angepasst haben. Die Werbung soll nunmehr die Marke emotional aufladen. „Emotions" haben die Aufgabe, die Marke erneut einzigartig zu machen. Claims, Jingles und Sponsoring-Aktionen übernehmen die Funktionen, die das Programm (nicht nur das Musikformat) nicht mehr sicherstellen kann. Emotionen sind der Rettungsanker, weil es kaum noch Aspekte des Programms gibt, mit denen es sich von der Konkurrenz unterscheidet.

1.2 Wie Sie eine neue Marke starten

Wie lässt sich eine Marke effizient erzeugen? Für neue Marken gilt es, den Aufbauprozess von Beginn an in kontrollierbare Bahnen zu lenken, um den Prozess mit sicherer Hand führen und beschleunigen zu können. Ziel ist es, auf Basis der Produktidee geeignete Differenzierungsfelder zu identifizieren und mit markenspezifischen *Zielbausteinen* zu besetzen: *Zielbausteine* beschreiben konkrete Eigenschaften einer zukünftigen Marke. Im Vorfeld wird eine höchst individuelle und unverwechselbare Strategie herausgearbeitet, die ein genaues Einsatzprogramm zum konsequenten Markenaufbau vorgibt.

Ausgangspunkt des *Marken-Zielbauplans* ist die Frage, durch welche zukünftigen Unternehmensleistungen eine Marke spezifisch und unverwechselbar verankert werden kann: Welche Leistungen sollen „typisch" für die

Marke sein? Um diese Frage zu beantworten, werden alle Leistungsbereiche des Unternehmens miteinbezogen, u. a. Kreation, Herstellung, Gestaltung, Sortiment, Präsentation (POS), Werbung und Kommunikation.

Statt austauschbarer „Images“ oder „Markenphilosophien“ werden klare Eigenschaften formuliert, um zu definieren, welche Unternehmensleistungen hinter der Marke stehen sollen. Denn Marke lässt sich nicht durch abstrakte „Images“ aufbauen, sondern – wie deutlich wurde – ausschließlich unter Zuhilfenahme „harter Fakten“.

Im Fall einer neuen Marke wird das Ursache-Wirkungs-Prinzip umgekehrt:

Wirkung/Image (wird zuvor definiert)		Ursache (wird erarbeitet)
Hochwertigkeit	→	
Designorientierung	→	
Höherer Preis	→	

1.2.1 Der Marken-Zielbauplan

Nachfolgend wird anhand grundlegender Leitfragen schematisch illustriert, wie eine neue Leistung im Vorfeld auf ein markensoziologisch durchdachtes Fundament gestellt werden kann. Der Einzelfall erfordert naturgemäß ein dezidierteres Vorgehen.

Zu Beginn stehen die Fragen:

1. Was ist das Neuartige/Besondere meiner Leistung?

Die Grundlage jeder Neu-Markenbildung. Egal, ob es sich um eine innovative Weltneuheit oder um einen „frischen“ Beitrag in einer umkämpften Branche handelt – die Leistung sollte stets ein kommunizierbares neuartiges Merkmal im Vergleich zu Konkurrenzprodukten enthalten.

2. Wie kann das Besondere meiner Leistung für Außenstehende nachvollziehbar dargestellt werden?

Die Neu-Leistung muss publikumstauglich, also möglichst eingängig verankert werden. Wenn der Endkunde kein Experte, sondern Laie ist, sollte er den Vorteil oder das Besondere am Produkt umgehend verstehen. Das inhaltliche Material wird daher auf einprägsame Details durchsucht. Birgt bereits die Entstehungsgeschichte inhaltliches Potenzial, das sich gut verankern lässt?

Beispiel:

> Bei einer neuen Schokolade ist der Beweggrund für die Markteinführung, dass der branchenfremde Firmengründer keine Schokolade im Markt gefunden hat, die seinen geschmacklichen Vorstellungen entsprach. Also entschloss er sich, selbst zum Experten zu werden, lernte alles über die Herstellung und kreierte anschließend die Schokolade XY.

Handelt es sich bei dem Angebot um eine bereits im Markt vorhandene Leistung, müssen gezielt Differenzierungs- und Überlegenheitsmerkmale bzw. Gegensätze gegenüber den Konkurrenzprodukten instrumentiert werden. So hat die Schokoladenmarke Toblerone erfolgreich die Dreiecksform der Schokolade zu einem Alleinstellungsmerkmal gemacht. Die Verwendung der Zutaten Mandel-Nougat sowie eines mexikanischen Honigs bilden weitere Besonderheiten.

Beispiel:

> Bei der Schokolade XY liegt eine Besonderheit in der Rührtechnik, diese kann in Wort und Bild deutlich gemacht und erklärt werden. Die Herkunft der verwendeten Kakaopflanze aus Tobago ist eine weitere Möglichkeit zur Differenzierung.

Sofern das Produkt oder ein Aspekt davon innovativ ist, so ist es entscheidend zu zeigen, wo die Innovation liegt. Scheuen Sie sich nicht, eine schematische Darstellung anzufertigen und für die Kommunikation zu verwenden.

Beispiel:

> Es wird festgelegt, dass jedes Produkt von Schokolade XY den Hinweis auf die Rührtechnik und die besondere Herkunft des Kakaos tragen muss. Die Entstehungsgeschichte der Schokolade wird auf der Rückseite jeder Packung aufgeführt und vom Firmengründer symbolisch unterschrieben.

3. Welche Vorgaben existieren in dem Zielmarkt?

Die intensive Beschäftigung mit der Branche ist sicherlich nicht vermeidbar, sie darf aber nicht zur stilistischen Orientierung an den Konkurrenzfirmen führen. So kann es auch eine Überlegung wert sein, mit den Regeln der Branche in punkto Gestaltung, Vertrieb, Preis ganz bewusst zu brechen, wie es einst Swatch mit den bunten Plastikuhren „Made in Swiss" unternommen hat.

Beispiel:

> Eine Bekleidungsmarke, die hochwertige Bio-Textilprodukte verkaufen möchte, entscheidet sich in der Gründungsphase, bei den Produkten im Bereich Schnitte und Farben neue Akzente setzen zu wollen: Das Gründungsteam hat beobachtet, dass es zwar viele Wettbewerber in dem Markt gibt, aber keinen, dem es gelingt, modische Akzente zu setzen. Die neue Marke soll beides verbinden: Bekleidung in modischen Farben und mit attraktiven Schnitten, die dabei aber dennoch ökologisch und sozial unbedenklich ist. Mit dieser Idee soll eine einmalige Marktposition besetzt und ein neues Käufersegment für den Bereich erschlossen werden.

4. Wofür soll die Marke stehen?

Es geht darum, so konkret wie möglich festzuschreiben, welche Wirkung die eigene Leistung erzielen soll, also welches Image im Publikum entfacht werden soll. Möchten Sie als seriös, avantgardistisch oder witzig wahrgenommen werden, grell oder dezent? Aufbauend darauf können Logo, Farben, Texte entwickelt und auf die Leistung zugeschnitten werden.

Beispiel:

> Wenn Sie möchten, dass Ihr Produkt als hochwertig wahrgenommen wird, sollten Sie die Materialien der Verpackung zuvor festlegen: Schokolade XY gelangt niemals in einer Kunststoffverpackung in die Läden, sondern nur in festem Papier. Die Präsentation in Waren-Schütten wird verboten.

5. Welche bereits vorhandenen Resonanzfelder kann ich mit der neuen Leistung nutzen?

In jedem industriell erschlossenen Bereich können Markteinsteiger auf bereits vorhandene Energien zurückgreifen, wenn sie auf nachvollziehbare und möglichst authentische Weise mit der neuen Produktleistung verbunden werden können.

Wird eine neue Marke für mechanische Uhren ins Leben gerufen, ist eine nahe liegende Möglichkeit, sich an bereits vorhandene und mit sozialer Energie aufgeladene Orte (Glashütte), Länder (Schweiz) und Begebenheiten (gebaut in der Tradition von Fliegeruhren der 20er Jahre) anzulehnen. Es kann auch der vergessene Name einer einst berühmten Manufaktur reaktiviert werden: Die Neugründung hat die Möglichkeit, solche – markensoziologisch als Resonanzfelder bezeichneten – Elemente zu rekrutieren, um an ihrer Energie (kostengünstig) teilzuhaben.

Beispiel:

> Die Outdoor-Bekleidungsfirma YZ benennt ihre extrem widerstandsfähigen Jacken nach berühmten Berggipfeln, für den Firmennamen werden die Rechte am Namen eines berühmten Bergsteigers erkauft. In den Prospekten und auf der Internetpräsenz kommen historische Aufnahmen von Bergexpeditionen zum Einsatz. Die Marke besitzt auf diese Weise zum Markteintritt ein Gepräge, das eine gewachsene Kompetenz suggeriert. Ist ausreichend Budget vorhanden, so könnte das Sponsoring einer Bergexpedition die Expertise zusätzlich belegen (inklusive täglicher Erlebnisberichte vom Basislager auf der Internetpräsenz).

1.2.2 Wie Sie Zielbausteine identifizieren und festschreiben

Bei jeder dieser Fragen muss der Blick darauf gerichtet sein, zukünftige *Bausteine* zu definieren. Bevor die Marke an den Markt geht, sollte ein Gerüst von fünf bis zwölf *Bausteinen* festgesetzt werden, das die Aktivitäten der Marke aufzeigt und Experimente vermeidet.

Beispiele:

Baustein	*Wirkung*
Schokolade XY: gesicherte Herkunft des Kakaos: Tobago	→ exotisch, edel
Bio-Textilbekleidung: Jedes Produkt ist aus 100% organischer Baumwolle	→ besonders natürlich und umweltfreundlich
Outdoormarke XY: Jede Outdoor-Jacke trägt den Namen eines 8000ers	→ widerstandsfähig, professionell

Das nachfolgende Kapitel enthält zahlreiche Anregungen, die Ihnen aufzeigen sollen, wo weitere der hier angesprochenen Eigenschaften und damit Energiefelder für die Hebung und Stärkung von Markenkraft liegen.

2 Rechercheanleitung: Welche Eigenschaften Ihre Marke stärken

Bei der Suche nach den Besonderheiten im Unternehmen können die hier verwendeten Beispiele als Ideenfelder fungieren, um für die eigene Marke zweckmäßige Alleinstellungsmerkmale zu finden. Als markentechnische Grundregel gilt:

> Eine Marke muss für eine dauerhafte Durchsetzung stets aus ihrem eigenen Umfeld schöpfen.

Werden das Tagesgeschäft und die Geschichte eines Unternehmens analysiert, so treten unerwartete Schätze zu Tage, die jede Firma einmalig gemacht haben bzw. machen. Sie bilden das konkrete Material, mit dem man sich von anderen Anbietern unterscheidet – sofern man es auch klar und deutlich kommuniziert und durch Handlungen stärkt bzw. wiederbelebt. Hier liegt neben dem Führungspotenzial auch das unverwechselbare Material für effektive Werbung. Denken Sie daran: Jedes Detail kann ein Energieträger sein!

2.1 Energiefeld Herkunft

2.1.1 Der Ort

Warum lautet die erste Frage, die wir einem Unbekannten im Flugzeug stellen, meistens: „Woher kommen Sie?“ Weil uns die Antwort ein Reservoir an äußerst vielschichtigen, aber dennoch gleichgerichteten Vorstellungen ermöglicht. Auf die Antwort „Hamburg“ erscheinen andere Bilder als auf den Verweis „München“, „Riga“ oder „Buenos Aires“. Jemand ohne Heimat ist suspekt und undurchschaubar.

Auch Marke funktioniert nach sozialen Gesetzmäßigkeiten: Niemand vertraut einer Firma, wenn deren Herkunft ungeklärt und damit dubios erscheint. Das entlarvend verwendete Wort von der „Briefkastenfirma“ verdeutlicht dies.

Ein wirksames Alleinstellungsmerkmal und ein Vertrauensstifter der Marke kann deshalb die Herkunft des Produktes sein. Manchen Ländern, Regionen oder Städten werden besondere Kompetenzen eingeräumt, die die Marke für sich nutzen kann: Bestimmte Vorurteile sind mit einer Gegend verknüpft, diese sozialen Energien kann die Marke oftmals kostenlos einsetzen.

Folgende Beispiele illustrieren dies auf eingängige Weise:

- Banken, Uhren, Schokolade aus der Schweiz
- Rotwein, Mode, Parfüm aus Frankreich
- Autos, Werkzeuge, Maschinen aus Deutschland
- Sonnenöl aus Australien
- Schinken aus dem Schwarzwald
- Klingen aus Solingen

Viele Marken tragen ihre Herkunft direkt im Namen und stellen damit ihre ortsgebundene Besonderheit heraus:

- Tiroler Nussöl
- Ostseezeitung
- Bayrische Motorenwerke (BMW)

Die Herkunft kann vielfältig eingesetzt werden: So ist bei dem Evian-Quellwasser aus der gleichnamigen Stadt am Genfer See das umgebende Bergpanorama reliefartig in die Flasche eingestanzt, die Konfitüre aus Bad Schwartau zeigt auf jedem Glas die berühmte Silhouette der nahe gelegen Stadt Lübeck, BMW trägt die Farben der bayrischen Landesflagge im Logo. Die kalifornische Bekleidungsmarke Hollister hat in ihren Läden Bildschirme aufgestellt, auf denen eine 24-Stunden-Direktübertragung vom Strand in Huntington Beach läuft und so die Atmosphäre des Ortes live überträgt.

Herkunft bedeutet für eine Marke viel mehr, als symbolisch Flagge zu zeigen. Sie gibt dem Käufer das Gefühl, dass die Marke einen festen Ort besitzt, eine Heimat, die in seiner Vorstellung Faszination ausübt oder per se Vertrauen ausstrahlt: Herkunft ist kristallisiertes Vertrauen. Der Radiosender „Radio Hamburg" leitet seine Nachrichtensendung mit dem Jingle ein: *„Aus Hamburg. Aus Deutschland. Und der Welt."*

Abb. 35: Jever hat die nordische Landschaft zu einem festen Bestandteil der Marke mit dem friesisch-herben Geschmack gemacht (auch wenn der Leuchtturm nicht bei Jever steht).

Quelle: Radeberger Gruppe KG/Friesisches Brauhaus zu Jever

Gerade Mittelständlern, die ein begrenztes Budget für Werbeausgaben haben, bietet das Thema „Herkunft" oftmals einen kostenlosen und effektiven Unterstützungseffekt.

Abb. 36: Der Aufkleber „Germânica" unter der VW-Modellbezeichnung Polo wird von brasilianischen Autohändlern angebracht, um deutlich auf die Herkunft des Produktes zu verweisen: Dieses positive Vorurteil wird aktiviert.

Quelle: Büro für Markenentwicklung.

2.1.2 Wissenschaftlicher Hintergrund: Herkunft und Kultur – Je mehr Globalisierung, umso wichtiger der Ort

Oftmals wird das Schlagwort „Globalisierung" von Managern (und Journalisten) als Synonym für den Abschied von verkrusteten Denkmustern verwendet. In einer Welt, die sich immer schneller dreht, zählt der einzelne Ort scheinbar nicht mehr, es geht ausschließlich um Tempo. Ein Festhalten an kulturellen Mustern und Eigenarten erscheint anachronistisch und einem modernen, kosmopoliten Lebensstil nicht mehr angemessen. Der Tenor: Ein global agierendes Unternehmen kann nicht auf seine Herkunft pochen, weil es in erster Linie international aufgestellt ist. Aber was ist international?

Wenn jemand auf die Frage nach seiner Herkunft „international" oder „global" antwortet, so kann der Begriff für den Fragesteller keine befriedigende Antwort darstellen: Die Begriffe sind nicht greifbar. Der Mensch benötigt Bilder, Assoziationen, Vorurteile, um Dinge verorten zu können und für sich Orientierung zu schaffen. Jede Herkunft ist ein sozialer Energieträger, weil jedes kulturelle Gebilde mit zahlreichen spezifischen Elementen aufgeladen ist. Gleich sind nur die Grundbausteine der einzelnen Kulturen: Wissen, Sprache, Symbole, Riten, Normen, sittliche Werte. Bei jeder Reise werden wir in irgendeiner Form mit den Besonderheiten der besuchten Kultur konfrontiert und müssen dafür noch nicht einmal fünfzehn Stunden auf einen anderen Kontinent fliegen – manchmal reicht bereits der angrenzende Stadtteil.

Für die Marke sind zwei Eigenschaften von Herkunft entscheidend:

1. Ihre Anziehungskraft

Fremde Kulturen besitzen starke Anziehungskräfte, dies äußert sich nicht nur im Wunsch, fremde Länder zu bereisen, sondern auch darin, einen Wein aus Chile zu trinken, ein italienisches Auto zu fahren oder eine Jacke mit Berlin-Schriftzug zu besitzen. Die Faszination, die bestimmte Produkte auslösen, hängt oftmals mit Assoziationen zusammen, die wir dieser Kultur zuordnen. Alexander Deichsel spricht in diesem Zusammenhang von kulturellem Magnetismus, „der in Abhängigkeit von sozialer Dichte und Durchsetzungskraft der Kultur steigt: Je unverwechselbarer die Gestalt, desto stärker ihre Attraktion."[11]

2. Ihre Unübertragbarkeit

Die Faszination von Herkunft liegt in der Unübertragbarkeit kultureller Eigenarten begründet. Dadurch, dass Kultur nicht übertragbar ist, erscheint sie auf Außenstehende anziehend (manchmal auch abstoßend, aber dieser Aspekt ist für die Marke nicht relevant, sie muss positive Aspekte herausgreifen). Das bayerische Hofbräuhaus in Peking besitzt im Auftritt viele Elemente des Münchner Originals: Einrichtung, Trinken und Essen, Bekleidung der Kellner. Ein Bayer, der hier einen Blick hineinwirft, wird sofort erkennen, dass es sich um eine Kopie handelt und wahrscheinlich schmunzeln müssen – und das liegt nicht nur daran, dass die Kellnerinnen anders aussehen. Egal wie groß die Bemühung und die

Detailfreude sind, die Authentizität von Herkunft kann nicht künstlich erschaffen werden, sie ist und bleibt einmalig – trotz oder gerade wegen verstärkter Globalisierung.

Die erfolgreiche Marke nutzt die kulturelle Einzigartigkeit ihrer Herkunft und das Wissen darum, um die Anziehungskräfte für den internationalen Auftritt gezielt zu erhöhen. Der globale Auftritt bedeutet nicht den Abschied von den Wurzeln, im Gegenteil: Die Herkunft kann diesen Auftritt mit kostenloser(!) Energie untermauern. Oder getreu dem Motto der Tageszeitung Hamburger Abendblatt: „Mit der Heimat im Herzen die Welt umfassen".

2.2 Energiefeld Geschichte(n)

2.2.1 Die Person/Persönlichkeit

Eine Person macht jedes Unternehmen einzigartig und strahlt in Verbindung mit einer Leistung besonderes Vertrauen aus. Hier steht ein Mensch mit seinem „guten Namen" ein. Der Käufer sieht das Produkt mit einer Einzelperson, die für Vertrauen bürgt, verbunden – auch wenn dahinter eine große Firma steht oder die Person längst verstorben oder fiktiv ist. Sofern diese Person über lange Zeit für die Marke steht, bildet sich ein klarer Verbindungszusammenhang, der zutiefst einmalig und effektiv ist. Ganz im Sinne der „typischen" Verankerung kann ein Unternehmen, das mit einer Person wirbt, jeder Werbung einen unverwechselbaren Rahmen geben.

Gründer/Unternehmerfamilie

Wenn Herr Darboven seit 1963 regelmäßig in der Fernsehwerbung des Unternehmens auftritt und den Zuschauern die Vorzüge „seines" Kaffees erklärt, so ist dies eine vertrauensbildende Maßnahme, die ihn selbst zum Bestandteil „seiner" Marke macht: Seine Person wird zu einer Symbolfigur für die Leistung der Marke und hört damit auf, Individuum zu sein. Die Marke KFC (ehemals: Kentucky Fried Chicken) ist undenkbar ohne den Firmengründer Colonel Sanders, dessen Konterfei jeden Getränkebecher ziert. Claus Hipp oder Jette Joop sind weitere Beispiele für Personen als *Erfolgsbausteine* einer Marke. Wenn der Firmengründer selbst eine Legende in seinem Bereich ist – so wie der Snowboarder Jake Burton, der erstmalig Wasserskibindungen auf ein für ihn konstruiertes „Plastikboard" montieren ließ und damit den Sport erfunden hat –, sind der Name und die Person eine Steilvorlage für die Gründung einer Snowboard-Firma. Das Beispiel der Marke Apple und ihrer verstorbenen Führungsfigur Steve Jobs zeigt, welche Wechselwirkung eine charismatische Persönlichkeit in Bezug auf eine Marke entwickeln kann: Marke und Person erschienen als Symbole in der Öffentlichkeit nicht mehr voneinander trennbar. Für die Marke Apple kann dies nicht bedeuten, jetzt jeden neuen CEO zu einer Steve Jobs-Kopie im schwarzen Shirt zu stilisieren, sondern der Kundschaft gegenüber glaubwürdig zu machen, dass das Erbe des Marken-Mitbegründers gepflegt wird – durch Produktleistungen, deren Innovationskraft auch(!) auf Urleistungen und Ansprüche von Jobs zurückgeführt wird. Ähnlich macht es Mercedes-Benz, wo regelmäßig bei besonderen Produktleistungen auf den visionären Pioniergeist der Markenbegründer Carl Benz oder Gottlieb Daimler verwiesen wird.

Markenrepräsentant

Es muss nicht immer der Chef oder Gründer sein: Die Versicherung Hamburg-Mannheimer warb von 1972 bis 2010 mit „Herrn Kaiser" – insgesamt haben drei Schauspieler die Beraterfigur gespielt und zeitgemäß interpretiert. In immer neuen Variationen nahm Herr Kaiser das aktuelle Zeitgeschehen auf und blieb sich dennoch über die Jahre treu. Wenige Personen besaßen in der deutschen Werbelandschaft eine vergleichbar hohe Popularität: Herr Kaiser ist zum Inbegriff des vertrauenswürdigen Versicherungsberaters geworden. Leider ereilte ihn das Schicksal vieler Markenikonen: Er wurde abgeschafft, weil die Traditionsmarke Hamburg-Mannheimer unter das Dach der Ergo-Gruppe kam und damit Ergo heißt - Vernichtung von mühsam erarbeiteter Wertschöpfungskraft seit 1899. Die Marke Frosta ist ohne den Koch „Peter von Frosta" nicht vorstellbar. Er genießt das Vertrauen von Köchen weltweit und ist außerdem stets telefonisch erreichbar. Nach einer kurzen Pause entschied sich das Management, diesen Markenrepräsentanten wiederzubeleben. So schrieb der Vorstandsvorsitzende Felix Ahlers: *„Wenn man mit vergleichsweise kleinen Budgets auskommen muss, ist Kontinuität das Wichtigste."* Bleibt nur hinzuzufügen: Auch mit großem Budget.[12]

Der Markenrepräsentant oder die Repräsentantin(!) muss nicht zwangsläufig eine „herausragende" Person sein, das Gegenteil kann ebenso überzeugend wirken: Der Internetanbieter 1&1 lässt „normale" Mitarbeiter-Experten erklären, welche Leistungen die Marke für ihre Kundschaft erbringt. Nach Tante Tilly, Clementine, diversen Zahnarztfrauen und Yogurette-Joggerinnen wäre die Zeit reif für eine zeitgemäße weibliche Repräsentantin, auch das ehemalige Alice-Model war nur ein hohles Symbol, besaß aber keinerlei Marken-Aussage.

Abb. 37: Wechselnde Besetzung: Herr Kaiser von der Hamburg-Mannheimer schuf über Jahrzehnte Vertrauen in einem sozial sensiblen Umfeld und in einer Branche, die im Allgemeinen nicht über das beste „Image" verfügt.

Quelle: Hamburg-Mannheimer Versicherungs-AG, heute ERGO-Versicherungsgesellschaft AG

Titel

Ein wissenschaftlicher Titel im Namen der Person erhöht den Anspruch der Marke auf Expertise, wie Dr. Oetker, Dr. Beckmann, Dr. Klenk (Alpech) oder Dr. Hauschka belegen (siehe auch Leistung/Qualifikation). Die kollektiven Vorstellungen, die einen wissenschaftlichen Titel begleiten, nutzt ein Unternehmen kostenlos: Es muss nicht mehr mühsam beweisen, dass die Produkte seriös, leistungsfähig und wissenschaftlich geprüft sind. Falls Sie einen Titel besitzen, aber jetzt Angst haben, den guten Hinweis zu vergessen: „Dr. Kawashiwas Gehirn-Jogging“ soll helfen und auch diese Marke wäre sicher nur halb so erfolgreich ohne Titel.

Abb. 38: Ein akademischer Abschluss bringt Sie manchmal eben doch weiter: Dr. Oetker macht es vor.

Quelle: Dr. August Oetker KG

Persönlichkeiten (historisch und aktuell)

Personen mit historischer Relevanz können verwendet werden, um der Marke einen gewünschten Bezug zuzuschreiben oder Vornehmheit vorzuweisen: Fürst Bismarck für ein Wasser, Peter Stuyvesant für eine Zigarette, Leibniz für einen Keks oder Prinzessin Feodora für Schokolade. Eine nahezu notarielle Ernsthaftigkeit geht diesen Namen voraus.

Das einzelne Produkt kann durch eine Person gestärkt bzw. personalisiert werden, indem Garantien oder Qualitätsprüfungen von den zuständigen Mitarbeitern sichtbar persönlich unterschrieben und/oder am Produkt befestigt werden. Manchmal reicht auch der Verweis auf eine respektierte Person des öffentlichen Lebens: Die Frankfurter Allgemeine Zeitung lässt solche Persönlichkeiten beim Lesen des Blattes fotografieren. Die Anerkennung der Person oder Institution strahlt damit direkt auf die Zeitungsmarke ab.

Abb. 39: Kampagne der FAZ: Gegenseitige Aufladung von Marke zu Marke – wobei sämtliche Protagonisten zu „FAZ-Protagonisten" werden.

Quelle: Frankfurter Allgemeine Zeitung

2.2.2 Der Name

Der Name der Unternehmung ist oftmals ein *Erfolgsbaustein*. iPod, o. b., Tempo, Tesa, WASA, Zewa definieren ganze Produktgattungen und wurden zum Begriff. Eigennamen und Familiennamen wie Kamps (Bäckereien), Beate Uhse (Erotik) oder beckers bester (Säfte) sind allein durch die Produktleistung zu Synonymen für bestimmte Kategorien geworden. Jeder Name ist über die Leistung mit Markenenergie aufladbar: Je stärker der Name für sich spricht, je eingängiger er ist, umso besser. Die Markensoziologie rät daher von künstlichen Phantasiebezeichnungen, Abkürzungen und zusammengesetzten Namen ab, weil sich darunter niemand etwas vorstellen kann.

Wenn der Markenname Ruhrkohle vorhanden und mit historischer Energie aufgeladen ist, dann ist es aus markentechnischer Sicht schädigend, dem Konzern einen Namen wie Evonik zu geben. Was dagegen geschieht, wenn alte, längst vergessene Markennamen wieder erweckt werden, macht deutlich, wie viele Vorstellungen und Vorurteile (kurz: Markenenergie) unter einem Namen abgespeichert sein können: Tri-Trop, Dual, Bluna oder Afri-Cola. Kurz nachdem die Marken reaktiviert wurden, konnte das Management kostenlos von der historischen Energie profitieren (ohne entsprechende Leistung hinter dem Namen währt der Erfolg aber nur kurz).

Heutzutage werden oftmals spezialisierte Namensagenturen damit beauftragt, Namen zu erfinden. Das Ergebnis solcher Aktionen machen die unten stehenden Beispiele deutlich:

Eingeführte Energieträger	Neue Bezeichnungen
Karstadt-Quelle (Insolvenzverfahren 2009)	Arcandor
Hamburg-Mannheimer	Ergo
Gehe AG	Celesio AG
Tchibo Holding	maxing vest

Abb. 40: Zerstörung von Markenkraft durch konstruierte (Neu-)Namen

Quelle: Büro für Markenentwicklung

Mit den oben aufgezeigten Namen sind mit einem Knopfdruck sämtliche, durch jahrzehntelange Leistungen aufgebauten Vorurteile gelöscht. Niemand wird sich unter Evonik oder Arcandor etwas vorstellen können (deshalb helfen sich versierte Außendienstler, indem sie mit den alten Namen argumentieren – oft genug haben die neuen Namen nur eine kurze Laufzeit). Hinzukommt die Austauschbarkeit der Bezeichnungen. Was verbirgt sich hinter Primondo, Quimonda[13]? Nicht zufällig sind viele dieser Namen heute schon Geschichte: Wenn schon der „Marken"-Name konstruiert ist und daher keinerlei Bindungskraft entfalten kann, so ist die Firmen- oder Konzernstruktur dahinter oft genauso künstlich konstruiert. Auch der ähnliche Klang dieser Bezeichnungen ist kein Zufall: Weil Namensagenturen beispielsweise einen Trend zu lateinisierten Namen feststellen, sind plötzlich sämtliche Namensneuschöpfungen lateinisch anmutend. Die Tatsache, dass viele der oben genannten Namen Dachmarken sind, ist ein Beleg für falschen Gerechtigkeitssinn: Um keine der versammelten Marken zu düpieren, wird um jeden Preis ein neuer Name entwickelt, der möglichst keine Assoziationen weckt, aber „irgendwie" global klingt. Die Suche nach möglichst gefälligen Namen, die nirgendwo auf der Welt auf Abneigung stoßen, führt bei Automodellbezeichnungen zu Namen wie Qashqai (Nissan), Xsara (Citroën) oder Aygo (Toyota). Mit Marke hat dies alles nichts zu tun, ist aber wirtschaftssoziologisch (und psychologisch) interessant.

Schwierig ist auch die Übernahme eines Namens, der für eine bestimmte Leistung bekannt ist, für eine andere Leistung – speziell dann, wenn diese Marke selbst über starke Energie verfügt und eine klar definierte Leistung anbietet. Hier: Der deutsche Ferienflieger seit 1955. Die Umbenennung der Marke Condor Flugdienst in Thomas Cook (der deutsch-britische Touristikkonzern hält seit 2002 die Aktienmehrheit) musste rückgängig gemacht werden, weil die deutschen Passagiere – gerade beim sensiblen Thema Flugsicherheit – einer im Markt bisher unbekannten Marke nicht vertrauten. Der Effekt: Die Auslastungszahlen sanken. Der „Neben"-Effekt für das Unternehmen: Die ganze Umsprühaktion wird einige Euros gekostet haben.

2.2.3 Ideen/Erfindungen/Patente

Zu Beginn einer Unternehmensgeschichte steht (meist) nicht der alleinige Wunsch, den Aktienkurs nach oben zu treiben und den Gewinn zu maximieren, sondern eine Produkt- oder Serviceidee. Diese Idee wird von einem Gründer (oder mehreren) erdacht und realisiert.

Idee

Der mittelständische Betrieb Koziol ist bekannt für flippig gestaltete Kleinartikel für Küche, Büro und Bad. Das Unternehmen startete in den 20er Jahren des vorigen Jahrhunderts als Werkstatt: Es wurden Miniaturen aus Elfenbein produziert. Eine für die Marke wegweisende Entwicklung „passierte" 1950, nachdem Bernhard Koziol mit seinem VW-Käfer in einer Schneeverwehung stecken blieb und beim Blick durch das Rückfenster im unwirklichen Schneegestöber drei Rehe sieht. Aus dieser Begegnung entstand die Idee für die Koziol Traumkugel®. Als Schneekugeln erobern sie anschließend die Welt.

Erfindung

Die Geschichte der „Erfindung" der Kreditkarte ist ebenfalls eine, die gezielt zur Legendenbildung eingesetzt wird: Der Geschäftsmann Frank McNamara saß Anfang der 50er Jahre mit Freunden bei einem Dinner in einem Restaurant in Manhattan. Als die Rechnung kommt, bemerkt er entsetzt, dass er sein Portemonnaie vergessen hat. Die Situation ist ihm sehr peinlich, und er möchte nie wieder so etwas erleben: McNamara gründet mit Freunden den

Abb. 41: Erfindung der Koziol-Schneekugel: eine faszinierende Geschichte.

Quelle: Koziol „Ideas for friends GmbH"

Diners Club: den Club der Dinierenden. Er „erfindet" ein braunes Stück Pappe, mit dem der Inhaber in gewissen Restaurants New Yorks anschreiben lassen kann, und nennt die Karte dementsprechend „Diners Club Card".

Heutzutage werden besondere Entwicklungsleistungen oftmals durch Patente belegt. Sie sollten herausgearbeitet und dargestellt werden. Auch die Anzahl der Patente kann einen Kompetenzbeweis darstellen, weil sie die Innovationskraft direkt verkörpern (siehe Leistungszahl, S. 138).

Patent

In der Hitze des US-Bundesstaats Nevada wurde die Patentidee für den atmenden Schuh geboren: Der Italiener Mario Moretti Polegato, Geschäftsführer eines Weingutes, ist zu einem Weinbau-Kongress nach Reno gereist. Wie üblich startet er in den Tag mit einem Jogginglauf. Unter den extremen klimatischen Bedingungen brannten ihm nach kurzer Zeit die Füße. Mit ein paar Löchern in den Gummisohlen seiner Schuhe sorgte er für Abkühlung. Die Idee des belüfteten Schuhs begeisterte ihn. Zurück in Italien entwickelte er eine perforierte Sohle, die durch eine Membran sowohl atmungsaktiv als auch wasserdicht ist und ließ seine Idee durch ein Patent weltweit schützen. Zunächst versuchte er, seine Innovation an Schuhfabrikanten zu verkaufen, entschloss sich jedoch nach deren Zurückhaltung, seine Erfindung selber umzusetzen: Im Jahr 1995 gründete

Abb. 42: Eine Wunderstruktur wird zum Patent angemeldet und hat durchschlagenden Erfolg.

Quelle: GEOX Deutschland GmbH

er die Marke GEOX, die im Jahr 2007 mit über 30 Patenten in diesem Bereich weltweit mehr als 21 Millionen Schuhe verkaufte. Der Markensoziologe erkennt hier zudem eine Wunderstruktur mit viel Erzählpotenzial: Schuhe, die mit „Löchern" in der Sohle geliefert werden.

Es mag sein, dass die jeweiligen Geschichten nachträglich von PR-Profis ein wenig hochstilisiert wurden, vielleicht haben sie im Laufe der Zeit auch eine Eigendynamik entwickelt: Allein die Tatsache, dass diese Anekdoten überlebt haben, belegt, wie fasziniert Menschen davon sind. Die Kenntnis solcher Geschehnisse führt eben nicht nur dazu, dass sich Menschen eine schöne Begebenheit erzählen: Die Leistung der Marke bleibt ihnen dauerhaft im Gedächtnis.

Auch hinter vielen Markennamen steht die Geschichte von der Idee der Gründer:

Edeka – Einkaufsgenossenschaft der Kolonialwarenhändler

Vileda-Tuch – Kunstfaser, putzt aber so gut *wie Leder*

Nirosta – Nichtrostender Stahl

Die vielen Geschichten des Entwickelns, Verbesserns, aber auch des Scheiterns und späteren Durchsetzens faszinieren Menschen und tragen dazu bei, mit einem Unternehmensnamen nicht nur das reine Produkt zu verbinden. Es ist Aufgabe des Unternehmens, diese Geschichten zu kommunizieren.

2.2.4 Die Zeit

Zeit ist ein wichtiges Merkmal, um eigene Kompetenz und Überlegenheit gegenüber der Konkurrenz zu beweisen: Die Marke Mercedes-Benz, ge-

Abb. 43: Die Kraft geschichtenorientierter Werbung.

Quelle: Bankhaus Metzler

nauer Carl Benz, hat 1886 das Automobil erfunden. Diese Leistung kann kein Konkurrenzunternehmen nachträglich überbieten. Die Firma Niederegger stellt seit 1806 Marzipan her, Blancpain seit 1735 mechanische Uhren, und den Sekt von Rotkäppchen gibt es seit 1856. Das Bankhaus Metzler in Frankfurt – unabhängig seit 1674 – verbindet in seiner Kommunikation die Kraft der Geschichte auf einmalige Weise mit einem aktuellen Motiv. Leistungsbeweise, die Vertrauen schaffen: Wer seit Jahrhunderten ein Produkt herstellt oder am Markt erfolgreich handelt, der muss etwas davon verstehen.

Auch der mittelständische Betrieb, der seit fünfzehn Jahren besteht, kann diese Zeit als Beweis seiner Expertise und Seriosität einsetzen. Der Teakmöbel-Großhändler, der seit zwanzig Jahren erfolgreich Möbel nach Deutschland importiert und verkauft, hat bewiesen, dass sein Geschäft höchst leistungsfähig ist und er bei diesen Produkten einen Erfahrungsvorsprung gegenüber Mitbewerbern besitzt. Eine Internetfirma widerlegt durch den Verweis, dass sie seit acht Jahren existiert, den Verdacht, nur ein kurzlebiges Start-up zu sein. Die Zeit ist genauso wie die Herkunft einer Marke eine starke, vertrauensbildende Maßnahme, um die Ernsthaftigkeit der eigenen Leistung herauszustellen. Manchmal hilft ein „Umweg": Ein Strandkorbhersteller wirbt mit historischen Aufnahmen von Strandkörben, obwohl das Unternehmen nur wenige Jahrzehnte alt ist, der Strandkorb aber 1882 erfunden wurde. Auf diese Weise überträgt es historische Energie auf sich – auch wenn es nicht die eigene ist.

2.2.5 Figuren

Bei vielen Marken kommen konkrete Figuren mit Geschichte und Symbolgehalt (z. B. steht der Cowboy für Freiheit und Abenteuer) oder ausgedachte Fantasiefiguren (Michelin-Männchen „Bibendum" aus Reifen) erfolgreich zum Einsatz. Fantasiefiguren wie Uncle Ben's oder Meister Proper ist es gelungen, dass Marken direkt mit einer Person verbunden sind, die einmalig und unverwechselbar ist.

Wichtig: Die Figur muss eine Geschichte besitzen, die zur Marke passt bzw. eine logische oder originelle Herleitung aufweist. Der Fantasie sind dabei keine Grenzen gesetzt: Der Mohr als Markenzeichen des Schokoladenherstellers Sarotti besitzt keinerlei kulturellen Hintergrund – die Adresse des Berliner Firmensitzes von 1881 lautete Mohrstraße.

Abb. 44: Der Mohr von Sarotti.

Quelle: Stollwerck Schokoladen Vertriebs GmbH

Tiere

Auch Tiergestalten können ein Markenmerkmal sein: Die lila Kuh von Milka ist ein berühmtes Beispiel, wie Tiere als Markenzeichen eingesetzt werden können, um dem Produkt bestimmte Attribute – wie die Verwendung frischer Alpenmilch für Schokolade – zuzuschreiben. Der namensgebende Puma des gleichnamigen Sport- und Modeartikelherstellers soll die Dynamik der Produkte verdeutlichen, und die australische Fluglinie Quantas verwendet mit dem Känguru ein Tier, welches untrennbar mit dem fünften Kontinent (und mit großen Sprüngen) verbunden wird.

Der Bär von Bärenmarke stammt ursprünglich aus dem Wappen des Kantons Bern – das heutige Werk mit Sitz im deutschen Mühldorf hat sich aus der 1892 gegründeten Berner Alpenmilchgesellschaft entwickelt. Der Bär auf dem Etikett führte dann zum Namen: Bärenmarke.

Abb. 45: Laut Angabe des Unternehmens kennen 96 Prozent aller Deutschen den Bärenmarke-Bären.

Quelle: Allgäuer Alpenmilch GmbH

2.2.6 Gebäude/Silhouette

Gebäude eignen sich zum Einsatz als Symbol, viele Unternehmen nutzen auffällige oder berühmte Bauwerke, die in Zusammenhang mit dem Produkt oder seiner Herkunft stehen. Für eine Versicherung, die ihren Kunden traditionell Schutz anbietet, sind ein Schutzschild, ein Schwert oder eine Festung als Symbol geeignet. Wenn sich über der Stadt, in der der Firmensitz liegt, eine Burg befindet, ergibt sich daraus eine starke Kombination (Nürnberger Versicherung). Vielleicht steht auf dem Firmengelände ein Gebäude, das prägnanten Einsatz finden kann. Hotels und Restaurants verwenden häufig das (repräsentative) Gebäude, in dem sie ansässig sind, als Markenzeichen.

Abb 46: Das exklusive Restaurant und Hotel Süllberg, auf dem gleichnamigen Berg in dem Hamburger Vorort Blankenese gelegen, nutzt den Turm des repräsentativen Gebäudes als grafische Vorlage für das Logo der Marke.

Quelle: KHH Süllberg Betriebsgesellschaft mbH & Co KG

SÜLLBERG
KARLHEINZ HAUSER

Weitere Bereiche, aus denen ein Symbol als Alleinstellungsmerkmal rekrutiert werden kann, sind ein *Wappen* (Porsche), ein *Schriftzug* (Radeberger), ein spezielles *Muster* (Burberry) oder eine *Landschaft* (Kerrygold-Butter).

2.2.7 Der Leitspruch

Der Leitspruch oder Slogan kann ebenfalls zu einem festen Bestandteil der Unternehmenskultur werden, wie die folgenden Beispiele beweisen – sogar wenn das Unternehmen selbst sich von dem Leitsatz längst verabschiedet hat.

Drei Dinge sind entscheidend für den Erfolg:

- die Unverwechselbarkeit des Leitspruchs
- die Konstanz seines Einsatzes
- der glaubwürdige Bezug zum Produkt

Beispiele für kraftvolle Slogans
(unabhängig davon, ob sie noch eingesetzt werden)

- „Otto find' ich gut."
- „Man nehme Dr. Oetker."
- „Haribo macht Kinder froh."
- „Neu? Nein, mit Perwoll gewaschen!"
- „Wenn's um Geld geht, Sparkasse."
- „Ihr guter Stern auf allen Straßen."

Der Leitspruch kann beispielsweise genutzt werden, um den Bezug zur Tradition des Unternehmens herzustellen:

- „Tough Timepieces since 1986." (Casio-G-shock)
- „Kneipp. Wirkt. Seit 1891." (Kneipp)
- „Wissenswerte seit 1735." (Verlag Vandenhoeck und Ruprecht)

Oder um die Herkunft zu betonen:

- „Von uns. Made in Glashütte." (Uhren aus Glashütte)
- „Créateur d'automobiles." (Renault)

2.3 Energiefeld Gestaltung

2.3.1 Die Form

Die Form eines Produktes kann ein Alleinstellungsmerkmal sein und den Hersteller von anderen differenzieren. Es gibt viele Mundwässer, aber keines besitzt eine so prägnante Flaschenform wie Odol, bei den Schokoladen hat Ritter Sport durch die quadratische Form ein besonderes Merkmal etabliert, und Capri-Sonne wird nur aus der Tüte getrunken. Die Hamburger Morgenpost hat ein handliches Format entwickelt, das im Volksmund als „U-Bahn-freundlich" gilt und nun typisch für diese Zeitung ist.

Besondere Faszination lösen selbstähnliche Abwandlungen der Form bei den Konsumenten einer Marke aus: So bringen Marken wie Ritter Sport oder Nivea, inzwischen auch Verlage wie Carlsen (Mini-Comicbände), kleine und große Variationen ihrer Standardprodukte heraus. Bei Ritter Sport geht die Liebe zur markentypischen Quadrat-Form so weit, dass im firmeneigenen (quadratisch angelegten) „Museum Ritter" das Konzept hinter der Sammlung eine Geschichte des Quadrats in der Kunst ist.

Abb. 47: Menschen fühlen sich von Variationen einer Grundform besonders angezogen: So verwandelt die Schokoladenmarke Ritter Sport alles zum markentypischen Quadrat.

Quelle: Alfred Ritter GmbH & Co. KG

2.3.2 Das Symbol

Die meisten Marken besitzen ein Zeichen, das dank der Leistung des Unternehmens mit Inhalt angefüllt und dadurch zum Symbol für die Marke geworden ist. Berühmte Markensymbole sind im Alltag allgegenwärtig. Der Kranich der Lufthansa, der Stern vom Sternmagazin oder der blaue Strandball von Nivea im Urlaub. Einige von ihnen, wie das M von McDonald's oder der stilisierte Stern von Mercedes besitzen Stellvertreterfunktionen für die Gesamtheit einer nationalen Identität und werden mit dem Ursprungsland nahezu gleichgesetzt: Hier zeigt sich die Vernetzung der Bausteine miteinander: Die Herkunft ist vom Symbol nicht zu trennen. Umgekehrt kann die Herkunft genutzt werden, um das Symbol zu finden, wie bei dem Sombrero, der dem in Mexiko hergestellten Sierra Tequila als auffälliger Flaschenverschluss dient.

Das Symbol kann aus allen Bereichen des Unternehmens stammen: Wichtig ist bei erfolgreichen Markensymbolen, dass sie konkret und greifbar sind, einen direkten Bezug zum Produkt haben, wie z. B. die vier Steine der Bausparkasse Schwäbisch-Hall, der Safttropfen von beckers bester oder das historische Posthorn als Symbol der Deutschen Post. Wenn das Symbol nicht selbsterklärend erscheint, ist es wichtig, dass eine authentische Geschichte damit verbunden wird, die bei Bedarf erzählt werden kann und das Besondere verdeutlicht.

Für die markensoziologische Forschung bedient der Erfolg des Markenzeichens eine Nahtstelle zwischen tradierten und neuen gesellschaftlichen Phänomenen. Schließlich sind Markenzeichen eine Fortführung der Feldzeichen, der Wappen und Flaggen, die ursprünglich dem Kriegerstand entstammten und dazu dienten, auf dem Schlachtfeld zwischen „meinen" und „den anderen" schnell und damit lebensrettend zu unterscheiden. Das Wappen repräsentierte, so wie heute das Markenzeichen stellvertretend für ein Unternehmen einsteht, unmittelbar Personen oder Personengruppen. Allerdings gilt auch hier: Ein Wappen ohne Aussage bleibt inhaltsleer, der Empfänger kann die Botschaft nicht verstehen oder einordnen.

Starke Markensymbole

Die „Gekreuzten Schwerter" der Porzellan-Manufaktur Meissen stammen bereits aus dem Jahre 1722. Ein Fälschungsversuch machte eine Markierung des Originals notwendig. Neben einer fälschungssicheren blauen Unterglasurfarbe sollte ein Symbol die Produkte vor Nachahmung schüt-

Abb. 48: Malen der Marke „Gekreuzte Schwerter".

Quelle: Porzellan-Manufaktur Meissen

zen: Die Schwerter wurden dem kurfürstlich sächsischen Wappen entnommen. Sie werden bis heute per Handmalerei „aufgebracht" und sind das älteste ununterbrochen in Verwendung stehende Markenzeichen der Welt.

Starke Markensymbole beziehen sich auf Eigenarten und Geschichten innerhalb des Unternehmens bzw. der Region oder des Gründungszeitalters. Sie folgen ausschließlich internen Entwicklungen und sind deshalb individuell und unverwechselbar: Solche Marken werden von der eigenen Geschichte bestimmt.

Starke Symbole dürfen durchaus unvereinbar mit dem ästhetischen Zeitgeist sein, denn sie folgen ausschließlich einer inneren Logik und bilden also das figürlich ab, was jede Marke ist: etwas Einzigartiges.

Schwache Markensymbole

Schwache Marken orientieren sich am Zeitgeist. Sie sind das Ergebnis von modischen Trends und dem Wunsch, einer möglichst breiten Masse an Menschen zu gefallen. Größtmögliches Gefallen setzt (in dieser Logik) voraus, möglichst unspezifisch aufzutreten. Aus markentechnischer Sicht sind Logos problematisch, die ohne Kenntnis der Unternehmensgeschichte und ihrer Besonderheiten ausschließlich auf Basis von Ge- und Missfallen entwickelt werden. Sie sind austauschbar und daher nicht geeignet, die Markenkraft zu bündeln. Stattdessen handelt es sich meist um dekorative Markierungen, die nichts Besonderes verankern und aufgrund ihrer Abstraktheit nicht in der Lage sind, „eine einzigartige Geschichte zu erzählen". Dem Beobachter fallen auch „Logo-Moden" auf. So hat sich der erfolgreiche Nike-Swoosh verselbstständigt und wurde von vielen Designern übernommen. In der Konsequenz findet sich der „Haken" jetzt in unterschiedlichen Varianten bei Banken (Hypo-Vereinsbank, BB-Bank), Reiseunternehmen (TUI), Hotels (Novotel) oder Internet-Versandhäusern (amazon.com). Der Haken lässt sich auch leicht auf jeder Vorstandssitzung begründen: Jedes Unternehmen will dynamisch und freundlich wirken (der „Haken" habe schließlich eine Analogie zum Lächeln) – und für all dies muss ein Strich geradestehen.

2.3.3 Die Farbe

Die Farbe der Marke trägt entscheidend zur Widererkennung bei und hilft, ein Produkt aus der Masse herauszuheben. Entscheidend ist, dass keine farblichen Abweichungen an den verschiedenen Auftrittsorten bestehen oder Experimente mit wechselnden Farbkombinationen vorgenommen werden. Das Gelb der Post, das Rot von Staples, das Blau von Nivea, das „British Racing-Green" bei einem Jaguar oder Mini: Farbe kann ein integraler Bestandteil und herausragendes Erkennungsmerkmal der Marke sein. Beim Mobilfunkanbieter Orange ist der Markenname gleichzeitig die Markenfarbe.

2.3.4 Melodie/Geräusch

Einige Unternehmen haben erfolgreich eine bestimmte Melodie oder eine Fanfare etabliert, die automatisch mit ihrer Marke verbunden wird. Aber nicht nur vertonte Werbung, auch Produkte selbst können Geräusche an sich haben, die zu einem Markenzeichen werden: Das satte Schließgeräusch einer Mercedes-Tür, das Ploppen eines Verschlusses vom Flensburger Pilsener, das Zischen von Ahoi-Brausepulver. Bei Aufruf der Webpräsenz der Systemgastronomie-Marke Nordsee hört der Besucher Meeresrauschen und Möwengeschrei. Diese wiederkehrenden Hörmotive haben – in Verbindung mit dem Produkt – eine wichtige Funktion, denn sie beweisen dem Kunden, das Original erworben zu haben, und im besten Falle wird der über die Jahre wiederkehrende Klang zu einem gewohnten Alltagsgeräusch, das „irgendwie dazugehört" und aus diesem Grund erworben wird.

2.3.5 Der Duft

Wer einmal in einem Body Shop in Düsseldorf, Paris oder Tokio gewesen ist, der weiß: The Body Shop erkennt man mit geschlossenen Augen. Ähnlich verhält es sich mit allen Düften, die früher oder später im Gedächtnis mit einem Produkt verbunden sind, vielleicht Erinnerungen aus der Kindheit hervorrufen und daher gerne auch im Erwachsenenalter Wiederholung erfahren: Der Duft eines bestimmten Duschgels, eines Kaffees, eines Parfüms oder von LeCrobag in der U-Bahn-Passage, der uns sofort Appetit auf ein warmes Croissant macht.

Das Verkaufspersonal einer amerikanischen Bekleidungsfirma versprüht zu jeder vollen Stunde das hauseigene Parfüm im Geschäft, bei einem anderen Hersteller besitzen die T-Shirts ein eingenähtes Duftstäbchen, sodass ein spezieller Duft bei den Kunden unauflöslich mit den neuen Produkten verbunden wird. Dies sind hervorragende Möglichkeiten, die Marke über die Sinne bei den Kunden einzuprägen.

Abb. 49: Surfmarke Hollister: duftende T-Shirts – und das noch vor dem ersten Tragen.

Quelle: Büro für Markenentwicklung

2.4 Energiefeld Expertise

2.4.1 Rohstoffe/Zutaten

„Feinster Kakao aus Sumatra" oder die „Piemont-Kirsche", die es allerdings so in der Flora nicht gibt: Die Kenntnis über das, was verwendet wird, schafft Vertrauen. Ob Kartoffeln aus ökologischem Anbau, Felsquellwasser oder Alpaka-Baumwolle aus Peru, den „frisch gestochenen Spargel" auf dem Wochenmarkt: Die detaillierte und klare Beschreibung der Produktzusammensetzung macht das Besondere deutlich und sorgt für seine Verankerung.

2.4.2 Technik/Herstellungsprozess

Im Herstellungsprozess bzw. in der Herstellungstechnik eines jeden Produktes lassen sich Besonderheiten finden, die herausgestellt werden können. Der Herstellungsprozess als Begründung für die besondere Güte der Ware wird von Herstellern aller Branchen genutzt: Der Bekleidungshersteller März weist darauf hin, ausschließlich Naturfasern zu verwenden, der japanische Elektronikkonzern Casio listet alle technischen Maßnahmen auf, die eine Casio-G-Shock-Uhr in sich trägt, um die markenspezifische Robustheit zu gewährleisten und bildet einen Querschnitt aller Schutzvorrichtungen ab. Der norwegische Sitzmöbelhersteller Ekornes (Stressless-Sessel) fügt seinen Möbeln ein 60-seitiges Büchlein bei, in dem die Produktion Stufe für Stufe erläutert wird.

Abb. 50: Die Robustheit der G-Shock-Uhr wird anhand übertriebener Testdurchläufe (Bungee-Sprung, Stockcar-Crash etc.) unterhaltsam, aber extrem konkret nachgewiesen.

Quelle: CASIO Europe GmbH

Aus Sicht der Markentechnik lassen sich bei jedem Produkt Besonderheiten in der Fertigung finden und herausstellen. Die Frage nach dem Preis oder Segment spielt hierbei keine Rolle. So bildet IKEA in seinen Katalogen selbst die Abtropfkerbe der 39 Cent billigen Tassen ab.

Abb. 51: Mit Kleinigkeiten für Furore sorgen: Die IKEA-Abtropfkerbe.

Quelle: © Inter IKEA Systems B.V. 1998–2008

2.4.3 Die Qualifikation/Kompetenz

Die Qualifikation der Mitarbeiter, die Lizenzierung des Betriebes nach einer industriellen Richtlinie oder die Ausstattung des Geräteparks mit einer besonders modernen Maschine: Leistungen, die – gerade im Mittelstand – bei sich auf dem Papier ähnelnden Produkten oder Dienstleistungen ausdrücklich hervorgehoben werden müssen.

Die eigene Expertise kann eingesetzt werden, wenn beispielsweise der Gartenmöbellieferant damit wirbt, dass er seit 2001 für die komplette Außenausstattung des Nobelhotels Steigenberger die Verantwortung trägt. Der Stoff-Hersteller JAB Anstoetz betont, die Räumlichkeiten der Bayreuther Festspiele auszustatten.

Die Chefinnen einer Umstands- und Kindermodenmarke sind alle selbst Mütter und machen diese Kompetenz auf folgende Weise deutlich: *„Fünf Frauen, 16 Schwangerschaften – ein reicher Erfahrungsschatz, den wir mit bellybutton an dich weitergeben möchten."*

Abb. 52: Mehr Kompetenz geht nicht: Wer kann besser beurteilen, ob etwas für ein Kind gut ist als eine Mutter? Fünf Mütter! Werbung der Marke bellybutton.

Quelle: bellybutton International GmbH

2.4.4 Die Leistungszahl

Wie bereits erwähnt, können Menschen sich nur unter greifbaren Dingen etwas vorstellen: Zahlen sind eine Möglichkeit, Leistung zu konkretisieren. Die Markensoziologie fasst diese Möglichkeit zur Markenstärkung unter dem Begriff „Leistungszahl" zusammen.

Eine Zeitung kann von sich behaupten, erfolgreich zu sein: Das würde aber im Zweifelsfall jede Zeitung von sich behaupten. Die Veröffentlichung der tagesdurchschnittlichen Auflagenzahl von 442 583 Zeitungen macht diese Leistung deutlich. Jede Tageszeitung behauptet, aktuell zu sein, die „Welt kompakt" behauptet nichts, sondern veröffentlicht täglich auf der ersten Seite die marginal sich verändernde Uhrzeit des Redaktionsschlusses. Viele Radiosender behaupten von sich, viele Blitzer zu vermelden, die ständig aktualisierte Ansage, dass Sender XY bis zum heutigen Tage 17.142 Blitzer für seine Hörer vermeldet hat, macht die ganze Kompetenz fassbar.

Abb. 53: Die HSV-Stadionuhr: Der HSV macht seinen Anspruch, ein Bundesliga-Traditionsclub zu sein, konkret deutlich, indem die Zeit der Zugehörigkeit zur Bundesliga im Stadion und auf der Website auf die Sekunde genau erscheint. Der HSV ist die einzige Bundesliga-Mannschaft, die seit Gründung der Bundesliga 1963 niemals abgestiegen ist (ein „Dino" genannter Dinosaurier ist übrigens das Maskottchen). Auch wenn der Verein es für seine Fans immer mal wieder unangenehm spannend macht, läuft die Uhr noch, daher der „Dino" der Liga.

Quelle: Hamburger Sport-Verein e. V.

Zahlen über Angebotsmenge, Containervolumen und Lager- bzw. Verkaufsflächen können entscheidend zur Vertrauensbildung bei den Konsumenten beitragen und die Größe und damit einhergehend die Seriosität des Unternehmens unterstreichen. Die Hamburger Stadtreinigung veröffentlicht auf ihrer Internetpräsenz die eigene Leistung in Zahlen (Leistung gerechnet pro Monat):

„*2.612 Aufträge* meldeten Hamburger Bürgerinnen und Bürger bei der Hotline „Saubere Stadt“. *2.297 Aufträge wurden bis Ende des nächsten Arbeitstages erledigt, 96 innerhalb von drei Tagen und 219 nach drei Tagen.* Gemeldet wurden (Auswahl):

- *31-mal Einkaufswagen,*
- *42-mal Fahrradwracks,*
- *193-mal Müllsäcke (blau, grau, weiß), 80-mal überfüllte oder defekte Papierkörbe,*
- *219-mal Sperrmüll,*
- *509-mal Probleme mit der Straßensammlung (Altpapier),*
- *375-mal Hausmüll (lose bzw. flächig) und*
- *12-mal Unkraut, Wildkraut, zugewucherte Wege und Anlagen.“*

Quelle: Stadtreinigung Hamburg

Ein findiger Unternehmer, dem mehrere Kioske mit Lottoannahmestelle gehören, kam auf die Idee, seine Filialen, in denen besonders viele glückliche Lottospieler ihren Tippschein abgegeben haben, mit einem großflächigen Banner „Glücksfiliale“ auszustatten. Das Banner offenbart unter der Überschrift „Glücksfiliale“ die höchste Summe, die ein Gewinner an dieser Verkaufsstelle erhalten hat: „Hier wurden 1 280 000 Euro gewonnen!“ Den Kunden wird die potenzielle Gewinnchance und -summe vorgeführt und diese scheint somit fast greifbar. Der Umsatz beim Lottospiel wurde in diesen Filialen laut Aussage des Unternehmers erheblich gesteigert, die lokale Presse berichtete über den Werbecoup.

Lieferbereitschaft/Angebot

Gerade im Verhältnis Großhändler bzw. Hersteller zum Einzelhändler stellt die Lieferfähigkeit ein wichtiges Kriterium dar, die mitbestimmt, ob es zu einer Kooperation kommt. Deshalb sind Lager und Lieferung wichtige Elemente des Markenaufbaus und sollten dargestellt werden. Der Textilfachhändler Peek&Cloppenburg Hamburg weist innerhalb seiner Internetpräsenz darauf hin, dass täglich 150 000 verschiedene Herrenoberhemden und 30 verschiedene Jeans-Marken in den Häusern bereit stehen.

2.5 Energiefeld Prestige

2.5.1 Der Preis

Das Preisgefüge einer Marke ist ein entscheidendes Charakteristikum der Markenwahrnehmung. „Aldi ist billig" und „Prada ist teuer". Der Preis ist meist ein wichtiger Erfolgsbaustein des Unternehmens.

Jede Marke hat ein „typisches" Preisgefüge, das in der kollektiven Wahrnehmung entscheidend sein kann. Ein Volkswagen ist per Markendefinition ein „Fahrzeug für das Volk". Ein VW in der Preisklasse eines BMW 7er oder Audi A8 kann nicht funktionieren. Das Produkt sprengt die „Preisvorstellungen", die sich im Laufe der Zeit über diese Marke herausgebildet haben.

Vor diesem Hintergrund gilt es zu recherchieren, für welches Preissegment die Marke im Markt steht. Je kontinuierlicher die Wertigkeit bereits verankert ist, desto schwieriger und aufwändiger ist es, die Vorstellungen zu verändern.

Einige Unternehmen haben „ihren" Preis zu einem besonderen Merkmal gemacht: Quelle wirbt mit dem „Quelle-Preis", der grundsätzlich für Vernunft steht, während die exklusive schwedische Firma Hästens in der Werbung aufschlüsselt, warum ihre Betten im Vergleich zu anderen Herstellern sehr kostspielig sind – und damit den Beweis antritt, dass der Preis vollkommen gerechtfertigt ist.

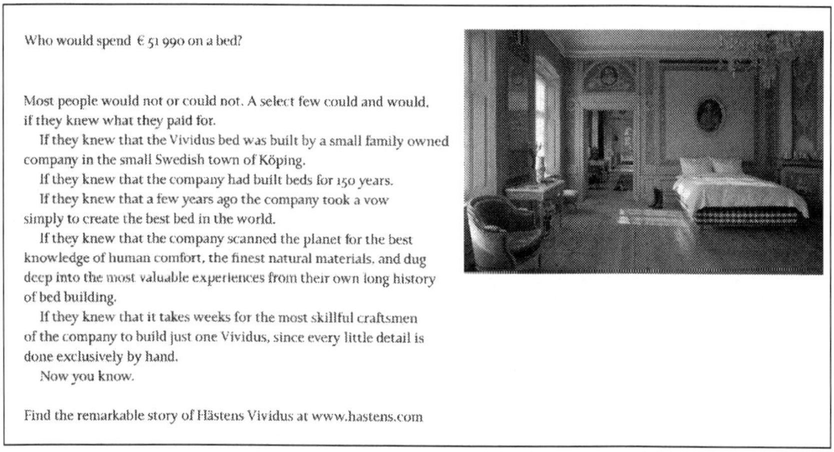

Abb. 54: Im Detail macht die Marke Hästens in dieser Werbung deutlich, warum 51 990 Euro für das Bett „Vividus" ein gerechtfertigter Preis sind.

Quelle: Hästens Sängar

Ein Preis muss nicht zwangsläufig einer statischen Vorstellung entsprechen: Ryanair und viele andere Flug- und Reisegesellschaften machen deutlich, dass der Preis „gerecht“ kalkuliert wird, das heißt sich im Laufe der Zeit (täglich oder sogar stündlich!) verändert – je nachdem, wie nachgefragt oder kurzfristig der Flugtermin und das Ziel sind.

2.5.2 Distribution/Verkaufsstellen

Kaum eine Komponente ist für die Wahrnehmung einer Marke so entscheidend wie der Ort, an dem sie erworben wird. Der Hähnchengrill an der U-Bahnhaltestelle strahlt andere Attribute aus als das Restaurant im Adlon-Hotel in Berlin. Eine Ebel-Armbanduhr finden Sie nicht am Hauptbahnhof, dafür eine Fossil-Uhr. Poggenpohl verkauft seine Küchen nur bei ausgewählten Fachhändlern und nicht beim Küchen-Discount – und macht konsequent darauf aufmerksam. Der Hersteller der Schulranzen von Scout konnte juristisch durchsetzen, dass seine Produkte nicht mehr über die Internetplattform eBay verkauft werden dürfen. Begründung: Eine Internetplattform böte – anders als ein Fachgeschäft – kein angemessenes Ambiente für diese hochqualitativen Produkte. Auf diese Weise sichert die Marke auch in Zukunft ihren Premium-Charakter unter anderem über den Point-of-Sale ab.

Viele Mittelständler weisen darauf hin, dass ihre Produkte nur im „gut sortierten Fachhandel“ oder „nur in Apotheken“ zu finden sind: Das Zahnpflegegel Elmex gelee wird ausschließlich in der Apotheke oder direkt beim Zahnarzt verkauft. Das mag ein Detail sein, aber ein Detail, das die medizinische Expertise der Marke vorführt. Solche Verkaufswege verdeutlichen jedem Außenstehenden: „Das ist etwas Besonderes, es wird in einem besonderen Umfeld und nicht überall verkauft.“ Dies macht die Bedeutung des Point-of-Sale für die Markenwahrnehmung deutlich. Auch das stilistische Gegenteil gilt und ist für diese Marke genauso wertvoll: Ein Lidl-Markt wird eben nicht an Hamburgs Prachtboulevard, dem Jungfernstieg, eröffnet: Jede Marke lebt in ihrem spezifischen Gestaltterritorium.

2.5.3 Die Anwendung/Referenz

Der mittelständische Hersteller von Strandkörben, die Korbwerk GmbH (vormals Korb GmbH) im Seebad Heringsdorf, ist seit 1925 Produzent von hochwertigen Strandkörben und bezeichnet sich als „Deutschlands traditionsreichste Strandkorbmanufaktur“. In dieser Zeit ist es dem Unterneh-

Abb. 55: G8-Gipfel in Heiligendamm 2007: Die Interpretation einer Produktidee mag sich verändern, die grundlegende Struktur wiederholt sich und beschert dem mittelständischen Hersteller weltweite Aufmerksamkeit.

Quelle: Korbwerk Heringsdorf GmbH & Co. KG

men gelungen, das Bild der Marke – in einem bestimmten Umfeld – fest zu verankern. Ein Grund dafür liegt im selbstähnlichen Auftritt der Marke in der Öffentlichkeit.

Zwar wird ein „XXL-Strandkorb" wie für den G8-Gipfel in Heiligendamm kein Massenprodukt werden (siehe Bild oben), aber der Einsatz an einem so prominenten Ort machte die Marke weltweit bekannt und kann Kaufinteressenten jederzeit als Kompetenzbeweis vorgelegt werden. Ähnlich gehen Autohersteller mit publikumswirksamen concept-cars oder einem limitierten Supersportwagen vor – ein herausragendes Produkt verdeutlicht stellvertretend die ganze Markenkompetenz.

Der G8-Strandkorb ist sicherlich ein besonderer PR-Glücksgriff, jedoch gelingt es dem Unternehmen, kontinuierlich über besondere Entwicklungen und Einsatzorte der Produkte (und nicht von der Werbung an sich) im Gespräch zu bleiben. So stattete die Korbwerk GmbH den Fußballplatz im Ostseebad Bansin mit zwei Mannschaftskörben für jeweils zwölf Personen aus oder entwickelt für örtliche Marktstände besondere Lösungen: Inzwischen bietet die Firma nicht nur Strandkörbe mit mannigfaltigen Individualisierungsoptionen, sondern „mobile Gastrolounges" für die Außenbewirtung von Gästen im Flechtkorb an, diese können mit Sitzheizung, Halogenstrahlern und Steckdose „aufgepimpt" werden – mit Hightech der Natur begegnen.

Abb. 56: Mannschaftskorb am Sportplatz Bansin auf der Ostseeinsel Usedom.

Quelle: Korbwerk Heringsdorf GmbH & Co. KG

Die ehemalige Korb GmbH stellte Ende 2008 einen Insolvenzantrag, konnte aber als Korbwerk GmbH ohne Produktionsunterbrechung und Entlassungen saniert werden. Aller markensoziologischen Erfahrung nach ist der einzige Grund, warum eine Firma aus der Insolvenz gerettet wird, die Tatsache, dass die Marke hinter dem Unternehmen so stark ist, dass man es sich nicht leisten kann (oder will), das vorhandene Marken-Vertrauen über Bord zu werfen: Aufgebautes Vor-Vertrauen ist bare Markenkraft für potentielle Investoren, je mehr Vor-Vertrauen, umso höher die Chance auf Rettung. Aus dem Grund werden so selten neue Marken erfunden bzw. eingeführt, es ist viel wirtschaftlicher, eingeführte Marken zu kaufen, als mühsam Vertrauen von Null an aufzubauen – in zumeist völlig übersättigten Märkten.

Die Einsatzorte von Produkten – egal ob Marktplatz, Luxushotel, Kreuzfahrtschiff oder Prominentenwohnung – sind, markentechnisch bewertet, sehr viel effektiver als der massive Einsatz eines Slogans, der die Positionierung eines Produktes (z. B. exklusiv, kreativ oder sportlich) wiedergeben soll. Denn Menschen erzählen sich Sachverhalte immer mit Hilfe von Geschichten und nicht aufgrund von schmissigen Slogans.

Abb 57.: Den Kunden auf die Qualität ein Siegel geben: das HiPP-BIO-Siegel.

Quelle: HiPP GmbH & Co. Vertrieb KG

2.5.4 Garantien

Der niedersächsische Substrat- und Erdenhersteller Floragard gilt seit 1919 als ein führender Spezialist in seiner Branche. Das Know-how des Unternehmens wird in einer hauseigenen Forschungsstelle gepflegt und kontinuierlich erweitert. Die Problematik bei Kulturerden ist, dass die Qualität einer Erde für einen Laien nicht sicht- oder greifbar ist. Aus diesem Grunde führte die Unternehmensleitung bei ihrem Premium-Produkt, der „Vital-Blumenerde", einen bisher einmaligen Leistungsbeweis ein: die Anwachsgarantie. Sie besagt, dass bei Verwendung von Qualitätspflanzen und einer artgerechten Licht-, Luft- und Wasserversorgung bei Nicht-Anwachsen Anspruch auf eine neue Packung besteht.

Der Baby-Nahrungsmittelhersteller HiPP verwendet Bio-Rohstoffe, die nach der EG-Ökoverordnung angebaut wurden. Darüber hinaus werden im Wissen darum, dass das Bio-Siegel der EG allein noch keine Schadstofffreiheit garantieren kann, sämtliche Produkte noch einmal strengstens intern kontrolliert. Um zu zeigen, dass die hauseigenen Anforderungen weit über allgemeine gesetzliche Bestimmungen hinausgehen, hat die Firma in Eigeninitiative eine Bio-Garantie erarbeitet und das „HiPP BIO-Siegel" eingeführt. Auf der Internetseite wird der Kunde zudem detailliert in Wort, Bild und Filmen über die einzigartige Qualitätssicherung im Unternehmen aufgeklärt: Der Inhalt jedes Gläschens durchläuft von der Bodenuntersuchung über die Rohstoffanalysen bis zur Überprüfung des fertigen Produkts ein Qualitätssicherheitssystem von bis zu 260 Kontrollen. Ins Gläschen kommt also nur hinein, was das engmaschige HiPP-Kontrollsystem durchlaufen hat. Erst dann verdient das Gläschen das HiPP BIO-Siegel.

Guaranteed. Period. ®

The Lands' End guarantee has always been an unconditional one. It reads: "If you're not satisfied with any item, simply return it to us at any time for an exchange or refund of its purchase price." We mean every word of it. Whatever. Whenever. Always. But to make sure this is perfectly clear, we've decided to simplify it further. Guaranteed. Period.®

I'd like to return this taxi, please.

As you'd expect, over the years our guarantee has been put to the test. We've been given countless opportunities to demonstrate our commitment to customer satisfaction and our willingness to stand behind the products we sell – though none more demonstrative than the return and refund of an original London taxi.

Featured on the cover of our 1984 holiday catalog, the taxi was purchased for $19,000 by a Kansas native as a gift for her husband (an avid car collector). In 2005, her husband contacted Lands' End and expressed interest in returning the car for a full refund. Of course, we obliged – because whether your purchase includes a tote or a taxi, your satisfaction is Guaranteed. Period.®

Abb. 58: Eine ganz besondere Garantie in Bild und Wort.

Quelle: Lands' End GmbH

Die Bekleidungsmarke Lands' End gibt eine lebenslange Garantie auf alle Waren des Hauses und hat diese „Guaranteed. Period"-Garantie zu einem entscheidenden Baustein der Marke gemacht. Ohne Wenn und Aber wird die Ware umgetauscht, auch wenn die „Ware" ein Londoner Taxi ist, das 1984 auf dem Titelblatt eines Kataloges abgebildet und anschließend verkauft wurde: Als der Besitzer des Taxis im Jahr 2005 anfragte, ob er es zurückgeben könne, erklärte die Marke sich sofort einverstanden. Den Vorgang nutzt Lands' End, um mit der Überschrift (und dem Bild) „I'd like to return this taxi" für die eigene Garantie zu werben und ihre Umsetzung konkret zu machen. Auf diese Art eingesetzt, kann eine Garantie für Vertrauen und Aufmerksamkeit sorgen und ein Markenversprechen dingfest machen.

2.5.5 Sponsoring

Ob Daimler die Laureus-World-Sports-Awards ins Leben ruft oder das Versicherungsbüro XY eine Tennisplane auf dem Center Court mit dem Firmennamen versieht: Der Glanz der Institution, des Clubs oder der Veranstaltung soll positiv auf die Marke abstrahlen.

Viele Marken möchten ihre Bekanntheit steigern, indem sie bei möglichst öffentlichkeitswirksamen Veranstaltungen als Sponsor in Erscheinung treten. Die Tatsache, dass der Markenname von einem erweiterten Publikum wahrgenommen wird – per Direktkontakt, Print, Radio, TV –, soll dazu führen, dass die Marke präsenter wird (oder weiterhin präsent ist) oder im Gespräch bleibt.

Im besten Falle kommen die beiden vorangestellten Überlegungen zusammen. Gerne werden im Anschluss an eine solche Veranstaltung prozentual exakte Sympathiewerte für die Marke gemessen, um zu beweisen, dass das Sponsoring ein Erfolg war. Doch erhöhte Sympathiewerte oder ein steigender Bekanntheitsgrad haben keinerlei Aussagekraft, wenn nicht im Rückschluss das Produkt vermehrt gekauft wird. Bei einem Luxusevent als Sponsor aufzutreten, bringt eine Schmuckfirma vielleicht wirtschaftlich voran, kann aber für einen Freizeitpark unwirksam bis kontraproduktiv sein. Unterstützt das Sponsoring einer Modenschau wirklich die Kompetenz eines schwäbischen Maschinenbauers? Ein Sponsoring, das keine Leistungsaussage trägt, bringt dem Unternehmen nichts – außer Geldabfluss.

> Jeder Auftritt eines Unternehmens als Sponsor muss in einem nachvollziehbaren, logischen Zusammenhang mit der Markenleistung stehen.

Das beliebte Sponsoring von Fußballstadien durch Konzerne ist ein gutes Beispiel, um einige typische Denkweisen hinter fehlgeleitetem Sponsoring zu verdeutlichen. Die fortschreitende Umwandlung von Fußballvereinen zu Wirtschaftsunternehmen hat dazu geführt, dass viele erfolgreiche Vereine die Namensrechte an ihren Sportstadien an Sponsoren verkauft haben. Die Stadien tragen demzufolge deren Markennamen, und die neuen Bezeichnungen ersetzen die eingebürgerten Traditionsnamen. Begriffe wie „Arena auf Schalke", „Niedersachsenstadion", „Westfalenstadion" oder „Volksparkstadion" existieren juristisch nicht mehr. Über Jahrzehnte gewachsene „Stadion-Marken", die in direkter Verbindung mit dem Ort, dem Verein und seiner Geschichte stehen.

Selbstverständlich leben die alten Stadionnamen bei allen dem Verein positiv verbundenen Menschen weiter: Die wenigsten Fußballfans verabreden sich, um am Samstagnachmittag in die „AWD-Arena" zu gehen oder in den „Signal-Iduna-Park". Besonders seltsam ist es, wenn „Signal-Iduna" Namensgeber des ehemaligen Dortmunder Westfalenstadions ist, zeitweise(!) auch ein Hauptsponsor des direkten Liga-Konkurrenten HSV: Das Sponsoring ist ganz offensichtlich austauschbar. Den Wahnsinn und das völlige Markenunverständnis dahinter zeigt auch die Beobachtung, dass z. B. das ehemalige HSV-Volksparkstadion innerhalb weniger Jahre wahlweise AOL Arena, HSH Nordbank-Arena und Imtech Arena hieß (für Weltmeisterschafts- und UEFA-Spiele muss es wieder anders heißen, weil in den Wettbewerben keine Sponsorennamen erlaubt ist). In Abhängigkeit von dem Prestige des jeweiligen Vereins kostet das Engagement die Unternehmen viele Millionen Euro jährlich. Als ein Argument für den Einsatz wird die regelmäßige und häufige Nennung des Namens in den Medien verwendet: Bekanntheit wird gleichgesetzt mit Beliebtheit. Weiteres Argument: Die Gleichung „Nennung des Firmennamens" plus „beliebter Fußballverein" führt im Ergebnis zu einer Übertragung der positiven Emotionen vom Verein auf die Marke. Auch diese Gleichung geht nur in den seltensten Fällen auf.

Die Tatsache, dass mir ein bestimmter Name geläufig ist, führt nicht dazu, dass ich Produkte dieses Namens kaufe – dies sollte aber das Ziel jedes Sponsorings sein. Nur wenn der Sponsor sein Engagement für den Verein und seine Fans glaubwürdig darlegen kann und ein eindeutiger Rückschluss von dem Sportverein auf die Marke gezogen wird, dann ist ein solcher Einsatz für ein Unternehmen interessant: Wenn der VfL Wolfsburg – aus der Stadt des Volkswagens und traditionell maßgeblich unterstützt von dem Unternehmen – sein Stadion „Volkswagen Arena" nennt, dann ist die

Verbindung auch für jeden Außenstehenden logisch. Dieses Beispiel zeigt ein nahezu ideales Zusammenspiel zwischen Marke und Verein – aber nur auf diese Weise kommt Markenenergie mit Nutzen für beide Seiten zustande.

Daher steht für den Markensoziologen vor der Zusage eines Engagements die alles entscheidende Frage: Passt das unterstützte Ereignis zu meiner Marke? Wird meine Markenleistung adäquat dargestellt? Wenn Nivea ein Strandvolleyballturnier sponsert, die Spieler sich mit Nivea-Sun-Produkten vor der Sonne schützen, Promoter auf den Rängen Nivea-Sun-Sonnenschutz anbieten, so stärkt dies die Marke, weil ihre Kompetenz im Bereich Sonnenschutz konkret untermauert wird. „Red Bull belebt Geist und Körper", und das stellt die junge Marke mit der aktivierenden Limonade seit ihrer Gründung durch intensives Sponsoring von Action-Sportarten und kreativen „Events" – u. a. Drachenfliegen, Skateboarding, Formel-1, Red Bull Music Academy – unter Beweis: Sponsoring ist hier zu einem konstituierenden Baustein der Marke geworden.

Generell führt zu breit angelegtes Sponsoring zu einem Energieverlust für die Marke, daher ist eine Fokussierung auf ausgewählte und markenverdichtende Veranstaltungen zwingend notwendig: Der Beobachter muss auf den ersten Blick einen direkten und glaubwürdigen Rückschluss zwischen Marke und Veranstaltung ziehen können. Die Markenkompetenz muss sich in der unterstützten Veranstaltung eindeutig widerspiegeln. Wenn es eine solche Verbindung nicht gibt und sich auch markentechnisch keine Verbindung finden lässt: Finger weg!

> Die Einbindung des Sponsorings in die Markenkommunikation erzeugt eine umso stärkere Wirkung, je selbsterklärender die Sponsoring-Aktivität zu den Markeninhalten ist.

Gesellschaftliches Engagement

In vielen mittelständischen Unternehmen fristen ökologische oder soziale Engagements noch ein Schattendasein: Im Tagesgeschäft hat niemand Zeit, das Projekt läuft seit Jahren quasi nebenher oder gerät in Vergessenheit, weil der Verantwortliche nicht mehr im Unternehmen ist. Auf der Website muss die Suchfunktion aktiviert werden, um Informationen über derlei Aktivitäten zu finden. Dabei kann es bei der Entscheidung für oder gegen ein Unternehmen und innerhalb der gesamten Wahrnehmung einer Marke von hoher Bedeutung sein, wie und wo ein Betrieb sich einsetzt. Die Interessenten – ob Kunde, Lieferant, Bewerber oder Presse – wollen wissen, wofür ein Unternehmen steht: Ein sympathisches Markenbild verursacht konkrete Wirkungen auf allen Ebenen – in dieser Firma geht es nicht ausschließlich um den Kommerz. Und die Strahlkraft ökologischen Engagements ist nicht erst seit dem publikumsträchtigen Film eines Fast-US-Präsidenten beträchtlich: Gesellschaftliches Bewusstsein ist in der öffentlichen Meinung hoch angesehen.

Der Wunsch nach einem korrekten Umgang mit der Umwelt und ihren Ressourcen ist daher ein Thema für Unternehmen aller Branchen und Größenordnungen. Für das Prestige einer Marke kann das außerbetriebliche Engagement zahlreiche Vorteile mit sich bringen. Aus Sicht der Markensoziologie eröffnet sich mit dem derart sensibilisierten Kunden eine weitere Möglichkeit, eigene Stärken herauszustellen – oder die Kompetenz der Marke um einen Aspekt zu erweitern. Der respektvolle Umgang mit Mensch und Natur bietet ein breites Spektrum, um die eigene Leistung positiv zu verankern.

Wichtigste Voraussetzung ist – wie auch im Bereich Sponsoring –, dass das Engagement in einen direkten Zusammenhang mit der Markenleistung gebracht wird, also markentypische Eigenschaften gestärkt werden. Wenn die von der Allgäuer Alpenmilch GmbH hergestellte Bärenmarke das Projekt des WWF (World Wildlife Fund) „Schutz der Braunbären in den Alpen" finanziell unterstützt, dann ist dieses Vorgehen selbsterklärend.

Beispiel:

> Die US-Schuh- und Bekleidungsmarke Timberland Company hat das gesellschaftliche Engagement zu einem zentralen Bestandteil der Unternehmensphilosophie gemacht. In der Kommunikation wird die Tatsache, dass die Mitarbeiter 40 Stunden bezahlten Urlaub im Jahr erhalten, um sich aktiv für Umweltschutz und soziale Projekte einzusetzen (z. B. Earth Day) herausgestellt. Das Baum-Logo der Marke wird wörtlich genommen. Das Unternehmen pflanzt weltweit Bäume, ein siebenstelliger Zähler auf der Firmenwebsite zählt die Bäume, welche weltweit im Rahmen der Timberland-Pflanzprogramme gepflanzt wurden, aktuell sind es 1,7 Millionen Bäume. Ergebnis: Die Kunden bemerken, diese Marke gibt nicht nur vor, naturverbunden zu sein, sie ist es auch – der Erwerb von Timberland-Lederstiefeln ist somit für jeden Pädagogen und taz-Abonnenten ökologisch vertretbar.

Abb. 82: Penny-Werbeprospekt – Werte statt Schweinehälften.

Quelle: Penny

Beispiel:

Der Discounter Penny unterstützt den Bundesverband Deutsche Tafel e. V., der in ganz Deutschland kostenlos Nahrungsmittel an Menschen in Not verteilt. Das Unternehmen wirbt in seinen Broschüren neben einem Foto vom Einsatz mit der Überschrift: „Partner mit sozialem Engagement. Unter den Discountern der größte Lebensmittelspender der Deutschen Tafeln!" Ein äußerst geschickter Schachzug der Marke Penny, denn die Discounter stehen oftmals wegen ihrer Einkaufspolitik und Mitarbeiterführung in der öffentlichen Kritik: Jetzt beweist Penny werbewirksam, dass auch ein Discounter soziales Engagement zeigen kann.

Beispiel:

Gerade wenn die eigene Leistung einen umweltschädigenden Charakter hat, sollte das Unternehmen eine offensive Haltung einnehmen: So bewirbt die Fluggesellschaft Deutsche Lufthansa nicht nur eigene Bemühungen um die Reduktion von Emissionen, sondern unterstützt national und international den Kranichschutz – das Lufthansa-Logo zeigt einen stilisierten Kranich, und so ist beim Umweltengagement die direkte Verbindung zur Marke sichergestellt.

Ob auf der Internetseite Bilder von humanitären Aktionen gezeigt werden, der Lagerverkauf zugunsten von SOS-Kinderdörfern großformatig beworben oder pressewirksam eine eigene Stiftung gegründet wird: Die Darstellung eigener gesellschaftlicher Leistungen muss konsequent durchgeführt werden, denn nur so lässt sich dauerhaft ein *Positives Vorurteil* in der Öffentlichkeit etablieren. Einmalige Aktionen – aus einem aktuellen Anlass heraus – können ausgezeichnetes Potenzial besitzen. Aber um die Nachhaltigkeit des unternehmerischen Denkens und der eigenen Markenführung zu belegen und das Bild zu verankern, hilft nur die auf Langfristigkeit ausgelegte Verfolgung eines möglichst exakt definierten Engagements.

> Das gesellschaftliche Engagement muss einen festen Platz in der Außendarstellung bekommen und kontinuierlich gepflegt werden.

Das, was soziologisch ungeschulte Manager gerne unter der neudeutschen Rubrik *Soft-facts* zusammenfassen (und abtun), kann unter diesen Umständen ein *Hard-fact* sein, der ungeahnte Potenziale erschließt.

3 Wie Sie eine unverwechselbare Werbekampagne entwickeln – mit oder ohne Werbeagentur

Der Werbung kommt bei der Durchsetzung vieler Marken eine entscheidende Rolle zu. Wirtschaftlich sinnvolle Werbung muss eine Unternehmensleistung einprägsam verdeutlichen und verankern. Vor dem Hintergrund der vorliegenden wissenschaftlichen Erkenntnisse können die gröbsten Fehler der Werbung – wie falsch verstandene Originalität oder die Beschränkung auf abstrakte Aussagen – vermieden werden.

> Werbung kann helfen, ein Produkt in der Öffentlichkeit bekannt zu machen, die Leistung ersetzen kann sie nicht.

3.1 Werbung, die nicht wirbt – Über das heutige (kostspielige) Verständnis von Werbung

Selbst wenn es ungewöhnlich klingen mag: Werbung soll nichts anderes machen als zu werben, eine Leistung verkünden. Sie muss nicht unterhalten, sie muss nicht anspruchsvoll oder trendsetzend sein. Marketingmanager sehen sich oftmals mit dem Anspruch konfrontiert (auch dem eigenen), besonders innovative, originelle und „witzige“ Werbung zu veranlassen, *„über die unsere Kunden sprechen“* oder – noch besser – *„über die die ganze Branche spricht.“* Ein Höhepunkt des katastrophalen Werbeverständnisses: Marken lassen ihre Werbung von den Kunden bewerten. So ließen zeitweise die Baumärkte toom, Hornbach und obi auf ihrer Homepage die Nutzer über ihre eigenen Werbekampagnen abstimmen. Drei Wahlmöglichkeiten bot die Internetseite von Hornbach den Besuchern an: 1. ein Kracher/2. ganz ok./3. Mist.

Sofern nicht „originell“ oder „witzig“, so fordern Verantwortliche unter anderem von der Werbung, dass sie „emotional“ sein muss, also eine gefühlsbetonte Ansprache besitzen soll. Die Argumentation: Keinen Menschen interessiert in seiner Freizeit beim Fernsehen oder Zeitung lesen, was die Leistungen einer Marke sind (in diesem Fall gilt die Marke wieder einmal als

„Low-interest" oder „Cash-cow", siehe S. 83). Meist wird im Meeting sogar gesagt, dass sich das Produkt *„ja auch fast gar nicht von der Konkurrenz unterscheidet".* Die Lösung: Das Differenzierungsmerkmal soll jetzt auf der „emotionalen Ebene" verortetet werden – mit Gefühlen oder gleich mit ganzen Gefühlswelten.

Wie erzeugt man Gefühle? *„Indem wir die Menschen zum Lachen bringen"*, sagt der Werber. Warum? Wie funktioniert das? *„Lachen ist Emotion, ist Freude, ist positiv. Wir zeigen lächelnde Menschen im Sonnenuntergang oder süße Kinder – das überträgt sich dann automatisch auf die Marke"*, antwortet der Werber. Was ist zu beobachten? In schwer zu überbietender Intensität an Abstraktion, Klamauk, Provokation stellen sich einige Unternehmen so dar, dass es den Betrachter an der Spezies dahinter zweifeln lässt. Nichts bleibt unversucht, um das Publikum von bodenständigem Unsinn bis zu avantgardistischer Ansprache zu betäuben. Die dahinter liegende Überzeugung: Je lauter und wirrer oder je schöner und anspruchsvoller eine Marke in der Öffentlichkeit auftritt, desto eher besteht die Chance, mit dem Namen herauszustechen und das fest gefügte Denken potenzieller Käufer zu seinen Gunsten aufzubrechen. An die Stelle von Produktrelevanz tritt eine Wichtigkeit, die sich allein durch Lautstärke und provozierende Motive rechtfertigt. Gerne werden gesellschaftliche Tabus gebrochen, aktuelle Gegebenheiten in die Kommunikation mit aufgenommen, Werbung von Konkurrenten persifliert: Sachverhalte, die nur indirekt mit dem eigentlichen Produkt zu tun haben.

Viele Agenturen haben es mit Hilfe dieses Selbstverständnisses erfolgreich vermocht, sich einer Wirksamkeitskontrolle weitgehend zu entziehen. Sie stellen nicht mehr das Produkt, sondern sich selbst in den Vordergrund. Eine intensive Auseinandersetzung mit dem auftraggebenden Unternehmen wird vor diesem Hintergrund überflüssig: Unserer Erfahrung nach sind Marketingverantwortliche überrascht, wenn Werbeexperten nicht mit der Lektüre der schmalen Unternehmensdarstellung für die Ausarbeitung einer Kampagne zufrieden sind.

Grundsätzlich gilt: Marke lebt nicht vom Auffallen, sondern von dem Geld, das Menschen bereit sind, für eine Leistung, die mit einem Namen verbunden wird, zu bezahlen.

> Auch die attraktivste und auffälligste Werbung führt nicht zwangsläufig zum Kauf des Produkts. Das Produkt muss attraktiv und auffällig dargestellt werden.

Gute Werbung überzeugt Menschen davon, dass sie möglichst sofort und möglichst zahlreich in einen Laden strömen, um ein bestimmtes Produkt zu kaufen. Es geht nicht darum, „Effies" oder „Palmen"[14] von den Preisverleihungen aus Cannes mitzubringen – dies hilft ausschließlich dem Ego der Beteiligten und kann auf der „News-Seite" im Internet vermeldet werden. Aber vom Lob oder von den Auszeichnungen, die eine Werbung erhält, können die wenigsten Menschen ihr Leben finanzieren – nicht einmal die Werber selbst.

Ein schlechtes Beispiel: Aufmerksamkeit durch Abstraktion. Ein Hirsch im Foyer mag für Aufmerksamkeit sorgen und ein schönes Bild abgeben. Das Ambiente wird hochwertig präsentiert, ist aber für viele Menschen sehr abstrakt und macht nicht deutlich, was der Absender vermitteln möchte. Allenfalls der (sehr kleine) Slogan legt eine erste Fährte: „Designed for natural living". Aber was genau die Marke darunter versteht, also ihren Kunden konkret bietet, bleibt ihr Geheimnis. Die meisten zu dieser Werbung befragten Personen vermuteten, dass hier exquisite Holzmöbel verkauft werden (Novotel-Logo wurde verdeckt). Die einzige Leitfrage für die seriöse Erarbeitung einer solchen Kampagne sollte sein: Warum sollte ich mich als Kunde für ein Novotel entscheiden? Jedenfalls nicht, weil ein Hirsch im Foyer steht.

Abb. 60: Es steht ein Hirsch im Foyer.

Quelle: Eigenes Bildarchiv

3.1.1 Typische Indikatoren für Werbung, die nicht wirkt

Viele Unternehmen haben vor dem geschilderten Hintergrund negative Erfahrungen mit dem Vorgehen von Werbeagenturen gemacht – austauschbare Inhalte oder eine Stilistik, die dem Unternehmen fremd ist, lassen teure Entwurf-Passepartouts schnell in der Schublade verschwinden. Dies muss nicht der Fall sein, aber es gibt Hinweise, die einem Unternehmen deutlich machen, ob Entwürfe die Marke oder die Werbeagentur stärken. Deshalb sollte die Werbung der Marke anhand folgender Indikatoren überprüft werden:

- Die Werbekampagne orientiert sich an der Positionierung der Agentur: Die Entscheidung für einen Werbeprofi orientiert sich an der Tatsache, dass er bereits für X und Y „so gute Werbung gemacht hat“.
- Die Werbung passt sich (offen) zeitgenössischen ästhetischen Trends, Motiven oder Gestaltungsmoden an.
- Die Werbestrategie basiert (vornehmlich) auf der Analyse des direkten Konkurrenten.
- Die Werbestrategie wurde ohne die Entwicklungsabteilung, den Einkauf und ohne den Vertrieb ausgearbeitet.
- Die Werbeagentur spricht bei der Präsentation der Kampagnen von „emotionaler“ Ansprache.
- Das Produkt ist nicht oder nur am Rande zu sehen.
- Die Abbildung des Markenlogos bzw. charakteristischer Gestaltungselemente wird zunehmend kleiner bzw. marginaler.
- Die vom Unternehmen finanzierte Werbung bildet das Logo der beauftragten Werbeagentur ab.
- Die Werbeinhalte beruhen auf Gefallensurteilen und Bauchentscheidungen.
- Der Erfolg der Werbung ist nicht an bestimmte Response-Quoten gekoppelt.
- Die Werbestrategie orientiert sich nicht an den positiven Vorurteilen der Stammkundschaft, sondern ist stilistisch auf Neukundschaft ausgerichtet.
- Das Werbebudget geht zu über 20 Prozent in Gratis-Aktionen, Gewinnspiele bzw. traditionsfremde Mediakanäle.
- Die neue Werbekampagne steht in direkten Zusammenhang mit einem Managementwechsel.

Zahlreichen Werbespots gelingt es, öffentliche Aufmerksamkeit zu erzielen: Das *„Hast-du-schon-den-neuen-Spot-von-XY-gesehen?“* ist ein geflügeltes Unterhaltungsthema geworden. Meist werden dezidiert die Inhalte von lustigen Werbungen erinnert und ausgetauscht – nur auf die Erkundigung, welche Marke Urheber des lustigen Spots ist, folgt sehr häufig langes Schweigen. Warum? Weil die kreative Umsetzung nicht markenspezifisch ist. Die Inhalte solcher Werbung sind beliebig, die Werbung kann erzählt werden, ohne auf die Produktleistung eingehen zu müssen. Das Logo des Kampagneninitiators kann oftmals durch das Logo der Konkurrenz ausgetauscht werden, ohne dass dies zu irgendwelchen Irritationen beim Rezipienten führt. Nichts an diesen Werbungen ist so individuell, dass es ausschließlich auf einen Anbieter hinleitet. Käme die Zigarettenmarke West morgen auf die Idee, mit einem Cowboy zu werben, so könnte man davon ausgehen, dass dies nicht West, sondern Marlboro[15] nutzen würde, weil dieses Motiv auf die Cowboymarke einzahlt. Das ist – im positiven Gegensatz dazu – das Resultat der Beibehaltung eines Werbemusters über die Zeit.

Schwierig bei unspezifischen Werbekampagnen ist vor allem, das geweckte Interesse der potenziellen Käufer auch dann aufrecht zu erhalten, wenn es um den tatsächlichen Kauf der Ware oder der Dienstleistung als solche geht. An dieser Stelle entsteht häufig ein abrupter Bruch in den Bemühungen, da auf der anderen Seite überhaupt kein ernsthaftes Interesse an dem Produkt besteht. Zu selten fragen sich Verantwortliche: „Was sind ‚Wir' und wie können wir dieses ‚Wir' am resonanzstärksten verankern?"

Die unbändige Kreativität, mit der Werbung auf Werbung reagiert, ist sehr oft bei Wechseln im Management oder einem Wechsel der betreuenden Agentur zu beobachten: Durch eine vollkommen neue Kampagne hat ein Verantwortlicher innerhalb kürzester Zeit die Möglichkeit, große Aktivität, Eigeninitiative und Durchschlagskraft zu demonstrieren – die Frage, ob dies im Sinne der Leistungsgeschichte der Marke ist, wird meist nicht gestellt.

Ein weiteres Problem heutiger Werbung ist ihr Wunsch, möglichst viel aussagen zu wollen: Je weiter das inhaltliche Feld ist, das eine Werbung (und damit ein Unternehmen) abdecken möchte, desto unspezifischer und damit unprägnanter wird sie. Gerade segmentübergreifende Konzerne mit großem Produkt- und/oder Dienstleistungsportfolio tendieren dazu, möglichst alles in ihrer Werbung zu integrieren. Resultat: Generische bzw. abstrakte Aussagen ohne die Hervorhebung von besonderen Eigenschaften – der Betrachter hat keine Chance, die Leistung zu erkennen.

Auch Branchenwerbung im Sinne der gemeinsamen Verbandsaktivitäten muss – will sie allen zu Gute kommen, aber keinen einzelnen zu sehr bevorteilen – möglichst unspezifisch agieren. Deshalb finden sich gerade bei Werbungen von Interessenverbänden häufig abstrahierte Aussagen und Motive.

Abb. 61: Keinerlei Positionierung: Französische Weine genießen Weltruf – was davon in dieser Anzeige übrig bleibt, ist ein Herr im roten Anzug, der großgewachsen ist, und der Slogan „Weine mit Charakter passen immer".

Quelle: Eigenes Bildarchiv

Oftmals wird versucht, über Metaphern Worthülsen zu umgehen, wenn Begriffe wie Qualität oder Innovation beschrieben werden sollen. Metaphern benötigen jedoch eine intensive Beschäftigung des Lesers mit der Werbung und sind in ihrer Interpretation niemals eindeutig. Eine Werbung muss den Betrachter zu einem logischen (zwangsläufigen) Rückschluss führen und nicht Abstraktionsleistungen mit ungewissem Ausgang abfragen.

3.1.2 Ursachen für ineffektive Werbung

Ineffektive Werbung hat vor allem drei Ursachen:

- Ursache 1: Es wird einem Trend gefolgt.
- Ursache 2: Werbung und Marketing haben sich vom Tagesgeschäft verabschiedet und abstrahieren.
- Ursache 3: Der Preis gilt als einziges Differenzierungsmerkmal.

Ursache 1: Es wird einem Werbetrend gefolgt.

Nachdem es *einer* Marke gelungen ist, durch spektakuläre Werbung Aufmerksamkeit zu erregen, ziehen die Konkurrenzunternehmen nach und kopieren diese – anscheinend – erfolgreiche Stilistik. In der Folge setzt eine Handlungskette ein, die branchenübergreifend immer wieder zu beobachten ist: fremdbestimmte Angleichung. Das Marketing leitet den Vorschlag im Meeting mit folgendem Satz ein: *„Das hat bei XY gut funktioniert. Wir sollten etwas Ähnliches machen."* Die Werbetreibenden nicken ernsthaft und sagen: *„Ja, das ist ein gesellschaftlicher Trend."*

Plötzlich fahren sämtliche Autos in Werbefilmen durch lila Lavendelfelder, plötzlich kommen überall Pinguine oder Kinder mit Zahnlücken vor, plötzlich werben Franz Beckenbauer oder Heidi Klum für ein halbes Dutzend Marken. Jede Firma will sofort auf den dampfenden Erfolgszug aufspringen: Differenzierung erfolgt höchstens, indem ein Erfolgsprinzip noch drastischer in Szene gesetzt wird. Hier geschieht etwas, das allen Regeln der Markenbildung entgegenläuft.

Jedem, der sich mit der Materie beschäftigt, ist in der Theorie klar, dass Marke immer etwas Besonderes ist. Die Entscheidung für Aldi und gegen Penny oder für Mercedes und gegen BMW erfolgt aus ganz bestimmten Gründen. Genau diese konkreten Gründe – Leistungen – machen eine Marke zur Marke. Wenn Marken sich kommunikativ angleichen, dann gibt es für den Kunden an der entscheidenden Stelle keinen Grund mehr, warum er sich für oder gegen eine Marke entscheiden sollte: Es sind ja nicht nur alle gleich, sondern auch alle gleich inhaltsleer.

Ursache 2: Werbung und Marketing haben sich vom Tagesgeschäft verabschiedet.

Marketing und Agentur nehmen oftmals eine Satellitenfunktion innerhalb des Unternehmens ein. Abseits vom „piefigen" Tagesgeschäft muss nicht so genau gewusst werden, was konkret die eigene Marke differenziert oder welche Leistungen dazu führen, dass im Markt eine bestimmte Wahrnehmung herrscht. Es findet keine dezidierte Kommunikation zwischen der Entwicklungsabteilung und/oder dem Einkauf und den Marketingprofis statt.

Ursache 3: Der Preis gilt als einziges Differenzierungsmerkmal.

Wenn Marken ihre spezifischen Leistungen nicht mehr kommunizieren, weil die Verantwortlichen überzeugt sind, dass alle im Markt das Gleiche anbieten, dann gibt es oftmals nur noch ein Differenzierungsmerkmal: den Preis. Die oft beklagte „Preisspirale nach unten" ist im direkten Zusammenhang mit nicht werbender, das heißt nicht differenzierender Werbung zu sehen.

Würden sich die Verantwortlichen tatsächlich mit den Leistungen ihrer Marke beschäftigen und deutlich machen, warum gerade ihr Unternehmen so besonders ist, dann wäre die Frage nach dem Preis nur eine von vielen.

Die aufgezeigten Entwicklungen folgen einer Ideologie, die gezielt darauf hinarbeitet, das Interesse potenzieller Konsumenten unmittelbar und – zwangsläufig – für einen kurzen Zeitraum zu wecken. Wenn es die unternehmerische Intention ist, in möglichst kurzer Zeit und ohne langfristige Perspektive ein Produkt gewinnbringend abzuschöpfen, so sind diese effektorientierten, „lauten" Ausprägungen von Werbung durchaus sinnvoll und können (für eine kurze Dauer) Erfolg haben. Wenn allerdings Markenkraft aufgebaut werden soll, die langfristig anhält und die Wertschöpfungskraft erhöht, dann muss auf andere Grundsätze der Werbung zurückgegriffen werden.

3.2 Was erfolgreiche (markensoziologische) Werbung auszeichnet – Kreativität in den Grenzen des eigenen Markensystems

„Die gute Werbung schöpft ausschließlich aus dem Ideenkreis der Markenware selbst", schreibt Hans Domizlaff. Der markensoziologische Ansatz lässt die Abkoppelung von Marketing und Werbung aus dem direkten Unternehmensgeschehen nicht zu, da ein entscheidender Anspruch an die Kommunikation darin besteht, ihre Inhalte allein aus dem Unternehmen und seinen Stärken zu abzuleiten. Der kreative Korridor ist klar definiert. Egal, wie das umworbene Produkt funktioniert, egal, in welcher „Szene" es zu Hause ist: Das Produkt darf niemals unabhängig vom Unternehmen und seinen Charakteristika dargestellt werden.

Werbung als Werbung stellt seriöse Leistungen als ebensolche dar – auch wenn dies mit Witz, Übertreibung oder einem Augenzwinkern geschieht. Sofern ein Unternehmen seine Markenkraft durch Werbung verstärken will, sollte es unbedingte Qualität bzw. Preiswürdigkeit ausstrahlen und sich darum bemühen, dem Käufer die Initiative bei der Kaufentscheidung zu überlassen. Der potenzielle Käufer einer Ware oder einer Dienstleistung – egal, wie jung, modisch und trendbewusst er ist – sucht nach Anhaltspunkten und Orientierungen, die der Massenware eine klar erkennbare Herkunft geben.

Im Konkurrenzkampf der Leistungen kann nur eine Werbung effizient sein, der es gelingt, öffentliches Vertrauen in eine Leistung aufzubauen. So umschrieb Helmut Maucher als Präsident von Nestlé seinen Anspruch an Werbung mit folgendem Ge- und Verbot: *„Uns ist nicht alles gestattet, auch wenn damit ein kurzfristiger Vorteil verbunden sein sollte. Unseriöses gibt es in unserer Werbung nicht und da wir jeden Tag, jede Minute mit unserem Namen und unserem Markenzeichen nach außen auftreten, haben wir ein sehr sorgfältiges Auge auf all die Gelegenheiten, bei denen sie an der Schnittstelle zwischen Produktmarke und ‚corporate brand' zum Einsatz kommt."*[16] Öffentliches Vertrauen im Sinne markensoziologischer Erkenntnis appelliert an die Urteilsfähigkeit des Kunden. Es versucht nicht zu benebeln, sondern aufzuklären.

Gute Werbung sieht sich als Teil einer Wertschöpfungskette, die bei der Rohstoffauswahl, der Entwicklung, dem Einkauf beginnt, über die Produktion und den Vertrieb weiterläuft und bei der Kommunikation mit dem Kunden endet. Sie reicht die vom Unternehmen auf allen Ebenen erbrachten Veredelungsschritte weiter und veröffentlicht die Leistungen so prägnant wie möglich: Die Firma Schleich bewirbt ihre filigranen Kunststoff-Figuren damit, dass sie „naturgetreu modelliert" und „handbemalt" sind und beschreibt so im Detail die Besonderheiten. Es wird nicht gesagt: „naturgetreue Figuren in hoher Qualität". Markensoziologische Werbung schafft keine eigene Wahrnehmungswelt, sie steht am Ende einer Kette, die sie möglichst interessant und einprägsam zu kommunizieren hat.

> Die Aufgabe von Werbung ist die Verdeutlichung und Verankerung der Markenleistungen eines Unternehmens im Markt.

Ein vertrauensvolles Verhältnis der Kunden zu ihrer Marke entsteht nicht mit Hilfe von Effekten oder Appellen an den Schnäppcheninstinkt, sondern wenn die Waren stilistisch klar identifiziert werden können. Unserer Einschätzung nach werben höchstens 20 Prozent aller Kampagnen mit einem echten Leistungsanspruch. Dabei ist die Integration von „Emotion“ und/oder „Witz“ durchaus möglich, allerdings sollten folgende Überlegungen beachtet werden.

3.2.1 Emotion und Werbung

„Kein Mensch kauft heute mehr Schuhe, um seine Füße warm und trocken zu halten, sondern wegen des Gefühls, das er mit diesen Schuhen verbindet: Man fühlt sich darin männlich, weiblich, naturverbunden und geländesicher, ‚anders‘, kultiviert, jung, elegant oder ‚in‘. Der Kauf von Schuhen ist zum ‚Gefühlserlebnis‘ geworden. Heutzutage verkaufen wir eher eine Gefühlswelt als einfach nur Schuhe.“

Dies verkündete der erfolgreiche US-amerikanische Unternehmer Francis C. Rooney, und solche Aussagen finden sich in vielen Marketinglehrbüchern, Vorträgen oder Werbebroschüren von Unternehmensberatern und Agenturen. Auch die mannigfaltige Verbreitung dieses Marketing-Credos ändert nichts an seinem geringen Wahrheitsgehalt. Fakt ist, dass keine noch so männlichen, weiblichen oder naturverbundenen Schuhe über einen längeren Zeitraum verkauft werden, wenn es ihnen nicht gelingt, die Füße zu wärmen und trocken zu halten – egal, wie berühmt die Marke ist. Diese grundlegende Leistung ist die Basis für den dauerhaften und erfolgreichen Markenaufbau. Aus dem Faktum einer dicken Sohle oder eines luftdurchlässigen Innenfutters wird der Käufer selbst den Schluss ziehen, dass der Schuh besonders männlich oder geländegängig ist. Werbung kann eine intendierte Wirkung allenfalls verstärken. Das Produkt an sich muss die entsprechende Emotion hervorrufen, nicht die Werbung allein.

3.2.2 Witzige Werbung

Durchdachte Werbungen nutzen sehr erfolgreich Methoden des Witzes oder der Übertreibung – diese Praktiken allein machen eine Werbung nicht per se schlecht. Im markensoziologischen Verständnis wird Werbung auch nicht zwangsläufig effektiver, sofern sie rational auftritt. Ironie kann durchaus markendienlich sein: Ein Werbespot für den Audi A6 TDI zeigt einen Mann, der einer Frau am Flughafen hektisch die Schlüssel für den Wagen übergibt und anschließend im Weiterschreiten souverän alle ihre Fragen zu dem Fahrzeug beantwortet – nur zu der abschließenden Frage *„Und wo ist der Tank?“* fällt ihm partout keine Antwort ein. Der Sprecher erklärt: *„Bis* *zu 1 300 km, ohne zu tanken. Der Audi A6 TDI".* Die Deodorant Marke Axe stellt ihr neues Dry-Deo vor, indem sie die Transpirationsprobleme eines jungen Mannes hemmungslos übertreibt (und schließlich löst).

Wahrheitsgetreue Übertreibung und Komik sind immer erlaubt, wenn es damit gelingt, den Produktnutzen begreifbar und leicht nacherzählbar zu machen.

Abb. 62: Werbung für IWC-Uhren: Generell lässt sich sagen, dass Witz bei exklusiven Produkten nur selten stattfindet. Diese Ausnahme bestätigt die Regel. Die Leistung wird dabei prägnant herausgestellt.

Quelle: IWC Schaffhausen

Ein Tipp – *Finden Sie alte Leistungen, die vollkommen neu sind*

Die Qualität eines guten Markenmanagers zeigt sich auch daran, dass er die Produkt-Information recherchiert, die bisher von keinem anderen Anbieter in den Fokus gerückt wurde. In den 1950er Jahren ist eine Zahnpasta besonders erfolgreich geworden, weil sie mit dem Slogan „Stoppt Mundgeruch" auftrat – diese Produktleistung charakterisiert fast jede Zahncreme, dieses Unternehmen war jedoch das erste, welche diese Eigenschaft in die Kommunikation mit den Kunden übernahm. Eine Brauerei begann vor einigen Jahren mit der Aussage „Fassfrisch" auf den Banden der Fußballstadien zu werben – kein Anbieter fassfrischer Biere hatte zuvor auf diese Leistung aufmerksam gemacht. Die Bakterienart Lactobacillus Casei Defensis führte in vielen Joghurts und anderen Sauermilchprodukten ein Schattendasein, bis ein findiger Stratege auf die Idee kam, dieses Bakterium und seine Fähigkeiten – unterstützt von wissenschaftlichen Studien – auf den Werbeschild zu heben und dafür ein eigenes Produkt zu entwickeln. An diesen Beispielen wird deutlich, dass Werbung nichts mit Erfindungsreichtum zu tun hat, sondern mit der Fähigkeit, durch die wiederholte Analyse der Wertschöpfungskette neue Eigenheiten zu finden und massenwirksam zu kommunizieren.

3.2.3 Die Analyse des *Erfolgsprofils* als Grundlage für selbstähnliche Werbung

Das *Erfolgsprofil der Marke* – der Markenbauplan – definiert den inhaltlichen Rahmen für effiziente Werbung. Auf dieser Basis liegen alle Veredelungsschritte einer Marke, ihre besonderen Stärken, dezidiert vor. Die einzelnen *Bausteine* definieren die Eigenschaften, für die ein Unternehmen im Markt steht. Insofern Werbung die Aufgabe der Weiterführung der Wertschöpfungskette an die Öffentlichkeit hat, liegen in diesem Markenbauplan die Möglichkeiten und Begrenzungen für ihre individuelle Kampagne. Der erste Schritt ist daher die Analyse des *Erfolgsprofils der Marke*, wie sie im zweiten Teil erläutert wurde. Die selbstähnliche Struktur und ein hoher Effektivitätsgrad der Werbung sind damit sichergestellt: Die Orientierung an einem selbstähnlichen Muster verhindert, dass sich die Markenaussage in den vollbesetzten medialen Informationskanälen in einen völlig unspezifischen Auftritt verwandelt.

Dabei sollten die *Bausteine* nicht in ihrem faktischen Sinne kommuniziert werden. Es geht eben nicht darum, Werbung mit dem Charme eines Arzneibeipackzettels zu erarbeiten und Fakten sklavisch aufzuzählen, sondern die vorliegenden Fakten möglichst eingängig, spannend und faszinierend aufzubereiten, jedoch so, dass die dahinter liegende Leistung deutlich wird. Die kreative Meisterleistung zeigt sich, wenn es mit einer Kampagne gelingt, innerhalb eines abgesteckten Rahmens eine Lösung zu entwickeln – wie es Marlboro, Sixt oder Nivea vormachen.

Um eine Werbekampagne wertschöpfungsstark auszurichten, sollten folgende Schritte unternommen werden:

- **Analyse**
  Mit dem *Erfolgsprofil* der Marke liegt das unverwechselbare Material für eine Kampagne vor – ohne diese Grundlage bleibt jede werbliche Anstrengung beliebig und kann nicht überprüft werden.
- **Verpolung**
  Welche(r) Baustein(e) aus dem Leistungsportfolio soll(en) kommunikativ besonders aufgeladen werden?
- **Verdeutlichung/Inszenierung**
  Wie kann der Inhalt des *Erfolgsbausteins* so in Szene gesetzt werden, dass die markengebundene Produktleistung möglichst klar und dauerhaft im Publikum verankert wird?

Auf diesem Weg kann eine Werbekampagne vollständig innerhalb des Unternehmens – und ohne Werbeagentur – vorbereitet werden.

3.2.4 Direkte Umsetzung des Erfolgsprofils in der Werbung

Abstrakte Definitionen der Marken-Eigenschaften sind kontraproduktiv für die Steuerung der Marke und somit auch der Werbung. Wenn sich ein Unternehmen durch eine Charakteristik wie „menschlich" definiert, ist der Interpretationsrahmen äußerst weit. Die zieldienliche Frage lautet also: Was macht das Unternehmen im konkreten Tagesgeschäft „menschlich"? Vielleicht ist es die Tatsache, dass der Kunde stets mit einer erfahrenen, vertrauenswürdigen Person in Kontakt tritt. Tchibo-Geschäfte kennzeichnet, dass dort nur Verkäuferinnen ab einem bestimmten Alter bedienen. Dieser Sachverhalt führt beim Kunden zwangsläufig zu anderen Wahrnehmungen, als die Möglichkeit, von einem Mann oder einem jungen Mädchen gefragt zu werden, ob man noch ein Pfund Kaffee kaufen möchte. Markensoziologisch könnte sich daher als ein *Baustein* der Marke Tchibo ergeben: „Die Tchibo-Verkäuferin“.

- **Analyse** ergibt den Baustein: Die Tchibo-Verkäuferin

Die Funktion des *Erfolgsprofils* für die Werbung wird deutlich: Die Inhalte, teilweise die Motive einer Kampagne, liegen aufgefächert und eindeutig bereit. In diesem Fall bedeutet es: Wenn in einem Werbespot der Marke Tchibo das Thema Verkaufssituation aufgegriffen werden soll, muss darauf geachtet werden, eine „typische“ Verkäuferin zu zeigen. Im Sinne der Stärkung des *Positiven Vorurteils* geht es jetzt darum, diese kollektive Erfahrung zu bestätigen und zu vertiefen.

- **Verpolung** des Bausteins: Die Tchibo-Verkäuferin

Indem einem Markenverantwortlichen das *Erfolgsprofil* mit seinen konstituierenden Bausteinen vorliegt (erfahrungsgemäß 6 bis 12), ist es ihm möglich, aus einem Portfolio von Möglichkeiten auszuwählen. Vielleicht ist die Tchibo-Verkäuferin nur ein *Baustein* von mehreren *Erfolgsbausteinen*, die die Kampagne aufgreift. In diesem Fall ist es beispielsweise denkbar, jeden Werbespot mit einer „typischen Verkäuferin“ enden zu lassen.

- **Verdeutlichung/Inszenierung**: Jeder Kampagnenfilm zeigt im Abspann eine Tchibo-Verkäuferin in einer typischen Verkaufssituation.

Ein weiteres Beispiel: Ein Großhändler verfügt über den *Erfolgsbaustein* „Bestellte Waren werden innerhalb von 24-Stunden geliefert“. Für eine markensoziologische Werbung wäre es zu simpel, diese Eigenschaft 1:1 zu kommunizieren – obwohl der Konkretheitsgrad bereits um einiges durchsetzungsstärker ist als eine Kampagne, die mit dem Schlagwort „Schnelle Lieferung“ wirbt. Die Aufgabe an das Markenmanagement ist nunmehr, den Fakt kreativ zu besetzen. Die Kernfrage: Wie kann der Sachverhalt der 24-Stunden-Lieferung so dargestellt werden, dass er möglichst überzeugend auf potenzielle Kunden wirkt? Die strategische Führungskraft des *Erfolgsprofils* wird deutlich. Indem die *Bausteine* die inhaltliche Linie vorgeben, wird die Kreativität gelenkt und kann sich mit einem unternehmensspezifischen Thema befassen, anstatt außerhalb der Marke nach Inspiration zu suchen.

- **Verpolung** des Bausteins: Bestellte Waren werden innerhalb von 24 Stunden geliefert.

- **Verdeutlichung/Inszenierung 1:** Alle Motive zeigen „echte“ Fahrer des Unternehmens, die unterschiedlichste Probleme meistern, um dem Kunden seine Ware innerhalb von 24 Stunden zuzustellen.

- **Verdeutlichung/Inszenierung 2:** Ein Firmen-Lkw mit Logo steht immer deutlich erkennbar im Hintergrund.

3.3 Worauf Sie bei der Kreativarbeit achten sollten – Die drei wichtigsten Überzeugungshebel

„Der Volksredner oder Volksschriftsteller kann es nicht darauf ankommen lassen, ob die Einbildungskraft derer, die er unterrichten will, mit seinen Abstraktionen den gehörigen Sinn verknüpft und zu den allgemeinen Begriffen einen Inhalt erfindet. Um sicherzugehen, gibt er daher lieber die Anschauungen und einzelne Fälle gleich mit und überlässt es dem Verstand seiner Leser, den allgemeinen Begriff aus dem Stegreif daraus zu bilden." (Friedrich Schiller, „Über die Grenzen beim Gebrauch schöner Formen")

Wie in diesem Zitat gefordert, kombiniert markensoziologische Werbung Beispiele eigener Leistungen und „gefühlte Beweise", um den Betrachter damit zu führen. Mit „gefühlten Beweisen" meint der Markensoziologe Fakten, die zwar rein wissenschaftlich keine Fakten sind, aber vom Menschen kollektiv als Beweise angesehen werden. Dabei nutzt die Werbung durchgesetzte Denkmuster und Kombinationsschemata, die der Einzelne unkontrolliert zu Schlussfolgerungen nutzt: Das Hineinschauen in den Motorraum beim Kauf eines Autos, um die Qualität des Motors zu prüfen, die Beobachtung, dass die Mitarbeiter einer Firma die von ihnen produzierten Produkte auch selbst kaufen, sind keine Beweise für die Beschaffenheit einer Ware – sie führen aber im menschlichen Denken zwangsläufig zu einer normativen, in diesem Fall positiven Wahrnehmung. Aus Erfahrungen komponiert der Mensch Zusammenhänge, die faktisch nicht zwangsläufig sind, aber kollektiv geteilt werden. Diese in der klassischen Rhetorik als „Syllogismus" bezeichneten Verknüpfungen werden oftmals in erfolgreicher Werbung genutzt. Werbung kann durch Bildmotive, aber auch durch Worte solche Schlussfolgerungen lenken und herbeiführen. Besonders wirksam wird der Kausalverlauf, wenn eine Werbekampagne die drei nachfolgenden Eigenschaften einsetzt:

3.3.1 Faktizität

Machen Sie mit den Fakten, die sich aus dem Erfolgsprofil ergeben haben, deutlich, was Ihre Marke kennzeichnet. Achten Sie darauf, Fakten zur Verankerung Ihrer Werbebotschaft einzusetzen. Es gibt vielfältige Möglichkeiten, über Konkretisierungen bei den Menschen eine erwünschte Verallgemeinerung zu erreichen. Dabei ist es möglich, anhand von Einzelfällen oder mit Hilfe von Syllogismen besondere Schlussfolgerungen hervorzurufen. Ein Beispiel: Ein Möbelhaus steht für knapp kalkulierte Preise im Sinne der Kunden. Der Erfolgsbaustein könnte demnach „Jedes Produkt ist preiswert" heißen. Weiß das Management um diese Markeneigenschaft, kann es Implementierungen finden, um den Anspruch nach außen deutlich zu kommunizieren. Denn aus Marginalien schließen die meisten Menschen etwas Umfassendes: IKEA kam auf die Idee, für einige Produkte ungerade Preise festzulegen. Dies war ein Hebel, um zu verdeutlichen, dass hier Preisvorteile im Promillebereich direkt an die Kunden weitergegeben werden. Anschließend nutzte IKEA die ungeraden Preise als Mittel der Kommunikation und druckte sie in großen Lettern in die Kataloge. Übergreifende Wirkung: Hier ist es preiswert.

Der massenwirksame Einsatz des Einzelfalls

Ein weiteres anschauliches Beispiel für diesen Überzeugungstypus zeigt sich bei der nachfolgenden Werbung der Deutschen Post AG. Hier wird an einem einzelnen Brief ein Exempel statuiert und die Leistung der gesamten Post-Wertschöpfungskette verdeutlicht.

Abb. 63: Deutlicher kann die geballte eigene Leistungskraft nicht dargestellt werden.

Quelle: Deutsche Post

Mit ganz simplen Mitteln arbeiten diese Bilder. Aus den Motiven schlussfolgern Betrachter auf den unbedingten Leistungswillen des Unternehmens und leiten von besonders hervorgehobenen Einzelfällen ihr positives Gesamturteil ab.[17]

Abb. 64: Für Briefe „übers Wasser gehen".

Quelle: Deutsche Post

Einen anderen Weg geht die nachfolgend gezeigte Marke: ThyssenKrupp hat ein vielfältiges Produkt- und Leistungsportfolio, dennoch konzentriert sich das Unternehmen auf einen Mitarbeiter und einen Einsatzort, um an diesem konkreten Einzelfall seine breit gefächerte Leistungsfähigkeit zu veranschaulichen.

Ein weiteres Beispiel für den förderlichen Einsatz eines Einzelfalls zeigt die nachfolgende Werbung: Hier wird auf einen Blick deutlich, was im Einzelfall eine Reise mit dem Kreuzfahrtschiff AIDA ermöglicht: Die AIDA erobert großflächig fremde Orte und Landschaften für ihre Gäste und macht die Regionen zu „AIDA-Regionen". Jedes einzelnes Reisemotiv verdeutlicht die ganze Spannbreite von AIDA-Reisemöglichkeiten.

Abb. 65: Wayne Brown steht vor dem Shanghai World Financial Center. Sein Team und er installieren in diesem Gebäude technisch anspruchsvolle Doppeldeckeraufzüge.

Quelle: ThyssenKrupp AG

Abb. 66: Den Traum konkret machen: Das Kreuzfahrtschiff AIDA erobert die Welt.

Quelle: AIDA Cruises

Abb. 67: Dr. Matthias Voigt alias Matze verdeutlicht uns die ganze Entspannungskraft, die ein Urlaub im Robinson Club für ambitionierte Leistungsträger entfaltet.

Quelle: Robinson Club GmbH

In der Tourismusbranche gelingt es dem Robinson Club, über die Verdeutlichung eines Einzelfalls das Lebensgefühl in seinen Hotels zu veranschaulichen – und sich so vom Wettbewerb zu differenzieren.

Was folgt daraus, wenn Sie selbst eine Werbekampagne entwerfen:

- Konzentrieren Sie sich bei jeder Werbung auf *eine* Besonderheit und Eigenschaft aus dem Erfolgsprofil Ihrer Marke, und halten Sie dieses Thema für einen längeren Einsatzzeitraum durch.
- Machen Sie sich klar, dass nur ein konkretes Beispiel zu Verallgemeinerungen führt.
- Stärken werden durch Stärken gestärkt – Vorteile überstrahlen automatisch schwächere Eigenschaften der Marke.
- Versuchen Sie niemals, Schwächen zu Stärken zu machen.

- Bilder können komplizierte Sachverhalte vereinfachen – sie sollten allerdings immer erläutert werden.
- Zeigen Sie das Produkt bzw. bei Dienstleistungen Ihr Logo großflächig („The product is the hero.").

Der Syllogismus oder „ Die Weisheit"

Der Syllogismus in der Werbung nutzt kollektiv geteilte Erfahrungswerte (Weisheiten), um Menschen von der Leistungsfähigkeit einer Marke zu überzeugen. Viele von ihnen sind so alltäglich in die menschliche Kommunikation eingegangen, dass uns nicht mehr auffällt, dass es sich allenfalls um Schein-, aber um keine faktischen Beweise handelt. Das Leben ist gespickt mit Kausalketten, die auch für die Werbung sehr erfolgreich genutzt werden können. So wissen wir, dass die Verwendung eines Produkts durch einen Experten zu dem Urteil führt, dass das Produkt besonders gut sein muss. Auch andere Konstellationen führen zu der Auffassung, eine Marke sei besonders vorteilhaft,

- wenn zwei sich um ein Produkt streiten,
- wenn man bereit ist, für ein Produkt einen Umweg in Kauf zu nehmen,
- wenn das Produkt vor anderen versteckt wird,
- wenn für das Produkt alles andere geopfert wird,
- wenn die Marke im Notfall zum Einsatz kommt,
- wenn die Nutzer selbst dieses Produkt auswählen würden, es aber nicht können („Katzen würden Whiskas kaufen"),
- wenn es „überall/weltweit" genutzt wird,
- wenn es von Generation zu Generation weitergegeben wird.

3.3.2 Erzählbarkeit

Eine wirksame Kampagne sollte so gestaltet sein, dass ihr Inhalt an einem konkreten Fall erzählbar wird. Bei den im vorherigen Abschnitt gezeigten Werbemotiven ist es möglich, kurz zu berichten, dass die Deutsche Post Briefe sogar auf Berggipfeln und auf Halligen ausliefert. Der Mensch kommuniziert ausschließlich in einem eng abgegrenzten Umfeld abstrakt – meistens (und sehr viel lieber) spricht er mit anderen über einzelne konkrete Sachverhalte. Das Wissen um diese psychologische Struktur nutzt eine gute Werbung.

Was folgt daraus, wenn Sie selbst eine Werbekampagne entwerfen:

Achten Sie darauf, dass Ihre Werbung

- keine langweilige Faktenaufzählung ist,
- eine Geschichte erzählt,
- diese Geschichte in höchstens zwei Sätzen wiedergegeben werden kann,
- die Geschichte nicht von der Produktleistung getrennt werden kann,
- wenn möglich eine Wunderstruktur (siehe S. 88) in die Geschichte integriert ist.

3.3.3 Selbstähnlichkeit

Sofern sich die Werbung an einem selbstähnlichen Gestaltungsmuster orientiert, wird verhindert, dass sie sich in den vollbesetzten medialen Informationskanälen in einen unspezifischen Auftritt verwandelt (siehe S. 58 ff.). Hinzu kommt, dass eine Marke, die in einer „vorhersehbaren" Art und Weise wirbt, einem anthropologischen Grundgesetz folgt: Menschen wählen immer zuerst das, was sie kennen. Erstmaligkeit widerspricht nicht nur der Natur des Menschen, sie ist gleichzeitig ineffektiv. Es bedarf ungleich höherer Werbeinvestitionen, um eine vollkommen neue Botschaft zu verankern. Die These des rumänischen Sozialpsychologen Serge Moskovici, dass Massenkommunikation besonders wirksam ist, wenn sie statt an die Intelligenz an die Erinnerung appelliere, sollte bei der Ausarbeitung einer Werbekampagne berücksichtigt werden.

Erfolgreicher Werbung gelingt es, spezifische Leistungen individuell nach einem übergeordneten Muster zu kommunizieren. Manchmal ist die Kampagne bzw. ein Detail aus der Werbung bereits selbst ein *Erfolgsbaustein* geworden: Was wäre Beck's ohne das grüne Segelschiff (das immer vorkommen muss), was wäre Marlboro ohne den Cowboy (dessen Universum bis 2011 ständig variiert wurde), was wäre C&A ohne die Abbildung des Preises für das beworbene Produkt?

Die Relevanz von *Selbstähnlichkeit* für Werbung wurde mehrfach genannt. Selbstähnlicher Werbung gelingt es, die Aufmerksamkeit, die das einzelne Produkt erringt, auf die Gesamtmarke zu lenken. Doch es geschieht noch mehr: Sie wandelt verwendete Motive in Produkte der Marke um. So ist in Werbungen des Autovermieters Sixt jedes Fahrzeug zunächst ein Sixt-Fahrzeug und erst in zweiter Linie ein Mercedes, AUDI oder BMW. Lucky Strike verwandelt aktuelle Ereignisse in kreative Lucky-Strike-Interpretatio-

Abb. 68: Eine ganze Insel wird zur Markenstärkung herangezogen: Die Illustriertenmarke Bunte okkupiert die Inselmarke Sylt.

Quelle: BUNTE Entertainment Verlag GmbH / DDB Berlin GmbH

nen der gesellschaftlichen Wirklichkeit (und spricht damit exakt ihre kreativtrendige Stammklientel an). Bei der Zeitschrift Bunte macht eine Satellitenaufnahme der Insel Sylt durch die selbstähnliche Verwendung des Claims die ganze Insel zur „Bunte-Insel".

Die Kraft selbstähnlicher Kampagnen fasziniert Menschen, weil sie innerhalb eines Musters immer wieder neue Interpretationen erwarten können – *„Was haben die sich jetzt wieder einfallen lassen"*, wird so manchen Menschen in den Kopf kommen, wenn wieder eine neue Sixt-Kampagne startet und am Flughafenterminal ein Auto umgekehrt an der Decke hängt.

Was folgt daraus, wenn Sie selbst eine Werbekampagne entwerfen:

- Legen Sie einen (international) verbindlichen Gestaltungsrahmen fest.
- Greifen Sie innerhalb dieses Gestaltungsrahmens unterschiedliche Eigenschaften Ihrer Marke jeweils einzeln auf.
- Schreiben Sie – über die Corporate Identity hinaus – ein Kommunikationsmuster fest (welche Inhalte werden wie in Szene gesetzt).
- Selbstähnlich kann auch eine Ansprache, ein Abbildungsstil oder ein Repräsentant sein.

3.3.4 Prüfung der Wirkung

Eine Werbekampagne sollte vor ihrer Verabschiedung geprüft werden. Ein typisches Vorgehen im Rahmen der Marktforschung ist, Menschen eine ganze Reihe von Werbungen zu präsentieren, um dann zu fragen, an welche der Werbungen sie sich erinnern. Sofern der Inhalt der Werbung vom Probanden erinnert wurde, wird gefragt, von welchem Unternehmen die Werbung stammt. Viele Unternehmen sind hier mit einem richtigen Zuordnungswert um 30 Prozent (nur bei den erinnerten Werbungen!) zufrieden. Der Markensoziologe sieht diese Messung kritisch. Zuordnung allein macht nicht deutlich, ob eine Werbung die Eigenschaften einer Marke massentauglich kommunizieren konnte. Aber es wird nachvollziehbar, warum sich viele Werbetreibende bemühen, besonders witzig und krawallartig zu werben – der Krawall wird besser erinnert und wirkt damit besonders erfolgversprechend bei der sich anschließenden Marktprüfung.

Der markensoziologische Ansatz geht anders vor: Es wird gefragt, was von der Werbung erinnert wird. Welche Botschaft zieht der Betrachter aus der Werbung? Wie übersetzt er den Inhalt? Was kann das Produkt? Welche Schlüsse zieht er aus dem Gesehenen? Gute Werbung existiert nur, wenn die eigentliche Markenbotschaft klar und deutlich „durchkommt". Dies passiert am effektivsten auf Grundlage des Erfolgsprofils.

3.4 Acht Regeln für den Umgang mit Agenturen – Kniffe, Tricks und Mechanismen, die Sie kennen sollten

Zum Abschluss der Beschäftigung mit markensoziologischer Werbung möchten wir Ihnen noch einige Erfahrungen nahe bringen, die den Umgang mit Werbung und Werbeagenturen betreffen. Grundsätzlich gilt: Werbung ist keine Wunderwaffe bei schlechten Produkten. Für manche Marken ist bezahlte Werbung, konform zu ihrem *Erfolgsprofil,* existenziell, für andere Marken spielt sie eine geringere oder gar keine Rolle. Allerdings entscheiden im täglichen Wettbewerb um den Kunden primär das Produkt und seine Leistung.

Gute Werber wissen sehr genau, wie sie andere begeistern können. Schließlich ist das ihr Job. Häufiges Resultat: Standardlösungen. Die bei Kunde A durchgefallene Lösung wird innerhalb weniger Stunden zur individuellen Lösung für Kunde B.

Ärgerlich ist, dass all dies Geld kostet und – bei Fehlleistung – Ihre Marke und damit die wirtschaftliche Basis Ihres Unternehmens schwächen kann. Auch wenn es langweilig klingt und schon einige Male erwähnt wurde: Der einzige Sinn von Werbung ist, eine Ware gewinnbringend zu verkaufen.

Die folgenden „Acht Regeln zum Umgang mit Agenturen" sollen Ihnen deutliche Warnsignale offenbaren und Instrumente für gute Werbearbeit anbieten.

1. Regel:
Eine Marke wird durch Inhalte zur Marke. Abstrakte Aussagen sind genauso wirksam wie keine Aussagen.

Gehen Sie Ihre Firmen-Selbstbeschreibung und Werbung auf die Frage durch, ob sie konkret oder abstrakt gehalten ist. Vermeiden Sie abstrakte Begriffe wie: Qualität, Innovation, Tradition oder Service-/Kundenorientierung.

Verwendet Ihre Werbeagentur diese Begriffe, fragen Sie nach, ob diese Aussagen nicht auch genauso passend für das Konkurrenzunternehmen sind. Jetzt muss sich die Agentur mit Ihnen als einem individuellen Kunden auseinandersetzen: Die eigentliche Arbeit beginnt.

2. Regel:
Das Bild Ihrer Marke entsteht aus der Gesamtheit Ihrer Leistungen. Suchen Sie nur bei sich selbst nach Material.

Alles, was ein Kunde von Ihrer Marke wahrnehmen kann, ist der von Ihnen eingesetzte inhaltliche Stoff – und der muss aus dem Unternehmen stammen. Nur die eigene Leistung hilft, das Unternehmen klar zu verankern. Marke hat nichts mit einer besonders kreativen Werbung zu tun – Marke ist nicht abgekoppelt vom Tagesgeschäft: Lassen Sie sich von einer Werbeagentur nichts anderes erzählen. Gerade in Zeiten, in denen Werbung oft austauschbar ist, fallen Texte und Informationen besonders auf. Die Beschäftigung mit dem „profanen" Tagesgeschäft mag für eine Agentur Arbeit bedeuten (außerdem wähnen sich viele Kreative als Künstler unserer Zeit, und welcher Künstler spricht schon gerne über Deckungsbeiträge und Maschinenparks?), sie ist allerdings Voraussetzung dafür, dass Ihre Investitionen auf die Marke und nicht auf die Agentur einzahlen.

3. Regel:
Erklärungen der Agentur sind verboten.

Es hat sich durchgesetzt, dass Werbeagenturen ihre Ergebnisse gerne im Rahmen aufwändiger Präsentationen (Passepartouts!) darstellen. Anhand schicker Designs, eindeutiger Marktforschungsergebnisse und grundlegender psychologischer Erkenntnisse wird suggeriert, dass nur diese eine Lösung gut sein kann. Verbieten Sie dies! Je mehr „pseudoeindeutige" Zahlen und Erkenntnisse, desto mehr Luft dahinter!

Eine solche Überzeugungsstrategie dient dazu, Ihnen zu vermitteln, dass nur diese eine Lösung gut für Sie ist. Vielleicht weil man sich gar nicht erst mit Ihnen beschäftigen wollte.

Die Anstrengung für solche Überzeugungsarbeit sollte besser in Ihren Auftrag fließen. Übrigens: Ihr Kunde sieht die Ergebnisse der Werbung auch nicht im Rahmen einer Präsentation bei Kaffee und anschließendem Fingerfood, sondern oft genug an der Bushaltestelle um 7.12 Uhr bei Nieselregen und zwischen Benzoldämpfen. Setzen Sie durch, dass die Agentur ihre Ergebnisse einfach zeigt – ohne Erklärung. Gute Werbung funktioniert ohne Fußnotenapparat – das macht sie zur Werbung.

4. Regel:
Fordern Sie Gesprächsprotokolle.

Koppeln Sie einen Auftrag an die Bereitschaft der Agentur, sich mit Ihren Leistungen zu befassen. Würden Sie einen ungelernten Hilfsarbeiter an Ihre teuerste Maschine lassen oder den Praktikanten zu Ihrem wichtigsten Kunden schicken? Warum gilt für die Werbung etwas anderes? Wie kann jemand in der Öffentlichkeit für Sie Interesse wecken, wenn er Sie nicht einmal kennt?

Die Erstellung von Werbung sollte mit der intensiven Beschäftigung mit den Unternehmensleistungen verbunden werden: Gespräche und Interviews mit Mitarbeitern aller(!) Unternehmensbereiche sind Grundlage für eine individuelle Werbestrategie. Lassen Sie Protokolle anfertigen, die für Sie überprüfbar machen, dass man sich mit Ihnen beschäftigt hat und die „Kreativauswürfe" nicht recycelte Produkte der Agentur sind (die man bereits letzte Woche Ihrer Konkurrenz angeboten hat).

5. Regel:
Auch für Werbung gilt: Erfolg ist messbar. Warum auch nicht?

Viele Berater und Werber erklären Ihnen, dass man den Erfolg von Werbung nicht direkt messen kann. Werbung wird manchmal als eine Art Kunst dargestellt, die sich auf keinen Fall in spröde Zahlen pressen lässt. Das ist ein schöner Gedanke. Aber nicht für ein Wirtschaftsunternehmen, das Gewinn machen möchte.

Markenwerbung hat eine einzige Funktion: Sie soll die Ertragskraft des Unternehmens nachhaltig sichern und stärken. Koppeln Sie deshalb die Bezahlung der Werbung an definierte Erfolgskriterien: Rücklaufquoten oder auch Verkaufsmengen – denn darum geht es. Sie werden sehen, dass die Werbeagentur vor einem solchen Hintergrund gezwungen ist, die Argumente herauszustellen, die zum Kauf und nicht zum „Werbung bewundern" einladen.

6. Regel:
Wenn es (mal wieder) um einen Trend geht, auf den sofort reagiert werden muss – bitte denken Sie daran: Trend ist ein anderes Wort für Minderheit.

Trend ist das Gegenteil von Marke. Nur das noch nicht Durchgesetzte macht den Trend zum Trend. Marke dagegen ist das variierte Gleiche, das der Kunde erwartet, schätzt und deshalb kauft. Man kann die Uhr laufen lassen, um zu sehen, nach wie vielen Minuten in einem Meeting das Thema der vergreisenden Kunden angesprochen wird und dass man sich nur retten kann, wenn man dem Trend folgt. Aber: Wer dem Trend folgt, folgt der Minderheit. Damit eine Marke stark bleibt, muss sie die Eigenschaften, die sie stark gemacht hat, ständig und zeitgemäß reproduzieren. Das heißt: Nicht alles über Bord werfen, sondern Neues so integrieren, dass es typisch für die Marke wird.

Wenn die Agentur alles neu machen möchte, dann hat sie keine Zeit oder Lust, sich mit Ihrer individuellen Geschichte zu befassen und für Sie eine einzigartige Lösung auszuarbeiten. Wenn man den „Wiedererkennungswert" einer Marke – ihre Selbstähnlichkeit – aushebelt, dann löscht man das „Positive Vorurteil" – die einzige Werbeenergie, die Ihnen kostenlos zur Verfügung steht. Ergebnis: Bindungskraft geht verloren.

Es ist Aufgabe der Werber, Tradition und Bewährtes modern darzustellen und Trends – wenn es markenstärkend möglich ist – zu integrieren. Dies setzt voraus, dass bekannt ist, wer und was man ist.

7. Regel: Ein Grundgesetz der Kommunikation besagt, dass lachende Menschen niemanden zum Lachen bringen.

Werber sagen, dass positive Emotionen Aufmerksamkeit schaffen und dass diese Gefühle dann auf das beworbene Produkt übertragen werden. Witzchen und Possen kämen besonders gut an. Die Frage ist nur: Stimmt das? Nein! Wer einmal das zweifelhafte Glück hatte, drei Minuten Radiowerbung hören zu müssen, weiß, dass Lachen, Gackern, Schreien und Trompeten zu Kopfschmerzen, aber nicht zu erhöhter Aufmerksamkeit führen. Die einzige Emotion, die erzeugt wird, ist die Wut, für einen unmündigen Konsumenten gehalten zu werden. Beim Kauf einer Waschmaschine oder einer massiven Eingangstür ist es vollkommen unwichtig, ob Sie zuvor gelacht haben: Sie wollen eine Lösung für das Problem. Gute Werbung schöpft aus dem Ideenreservoir Ihres Unternehmens. Witzig kann vieles sein, aber reine Aufmerksamkeit hat noch nichts mit einem Kaufimpuls zu tun. Witze sind nur dann erlaubt, wenn Sie Ihre besondere Leistung logisch und besonders prägnant verankern. Witzigkeit kann im Gegenteil Ihre besondere Leistung schmälern oder sogar lächerlich machen.

8. Regel:
Die Hand-aufs-Herz-Regel.

Der K. o.-Test für Ihre Werbung: Liegt endlich die mühsam erarbeitete und teuer bezahlte Anzeige, die Broschüre, der Hochglanzkatalog vor Ihnen oder der TV-Spot wird vorgeführt, dann verdecken Sie Ihr Logo mit den Händen oder denken Sie es sich weg.

Stellen Sie sich jetzt nur eine Frage, und seien Sie ehrlich zu sich selbst: Ist auf den ersten Blick erkennbar, dass es sich um mein und nur um mein Unternehmen handelt? Nur wenn dies eindeutig gewährleistet ist, zahlt die Werbung auf Ihre Marke ein. Wenn eine Anzeige nicht verdeutlicht, ob hier Unternehmen A oder Unternehmen B beworben wird, hilft es weder dem potenziellen Kunden bei der Entscheidung noch der Marke beim Geldverdienen.

4 Markenführung in sozialen Netzwerken

Es sind gerade einmal etwas mehr als fünfzehn Jahre vergangen, seit Unternehmen, die keinen Internetauftritt hatten oder es vorzogen, nicht über „das Web" zu verkaufen, im besten Falle belächelt wurden. Das Internet galt als das zukunftsweisende und langfristig einzige Informations- und Vertriebsmedium. Stationären Geschäften, schmunzelnd als „brick-and-mortar"-Unternehmen bezeichnet, wurde jegliche Relevanz für die Zukunft abgesprochen. Basierend auf Prognosen zum „neuen Internetkunden" investierten Fonds, Banken und Kleinanleger viel Geld, unterstützten und finanzierten Internetkonzepte sowie dazugehörige findige junge Entwickler in Turnschuhen (Stichwort „Neuer Markt" und seine spektakuläre Gewinnaussichten). Im Jahr 2000 platzte die sog. „Dotcom-Blase" – vor allem Kleinanleger verloren binnen weniger Monate ihre Einlagen. Es wurde ruhiger um das Thema Internet. Reale Erfahrungen lösten Annahmen und Erwartungen ab – sollte man meinen. Warum ist der Blick zurück so wichtig? Weil sich verantwortungsbewusste Markenentscheider bei allen Fragen zunächst bewusst machen sollten, dass Vieles kommt und das Meiste davon nach überraschend kurzer Zeit wieder verschwindet und keinerlei ökonomische Kraft entfaltet. Kurz gesagt: Viel Lärm um nichts.

Unter einem markensoziologischen Fokus scheint sich erneut eine äußerst spekulative Fantasie über Chancen und Möglichkeiten des World Wide Web zu entwickeln, allerdings unter anderen Vorzeichen: Mit den sog. „Sozialen Netzwerken/Social Media" entsteht seit einiger Zeit ein neues „Musthave" für jeden innovationsfreudigen Markenmanager. Ratgeber werden geschrieben, „Webinare" veranstaltet und minütlich Newsletter verschickt. Man könnte (erneut) den Eindruck haben: Es geht nicht ohne.

Beobachter definieren soziale Netzwerke als zeitgenössische Form eines Marktplatzes, auf dem man Freunde, Bekannte und Fremde trifft, sich über das Wetter, Urlaub und das Leben im Großen und im Kleinen austauscht. Etwas weniger prosaisch versteht man darunter Interaktions- bzw. Vermarktungsplattformen im Internet.

4.1 Gibt es ein verändertes Konsumverhalten?

Im Zuge der voranschreitenden Demokratisierung des Internets (zwischen 70 und 80 % aller Deutschen, Österreicher und Schweizer sind regelmäßig online) ist die reine Internetseite für Unternehmen inzwischen ein Standard wie die telefonische Erreichbarkeit und längst kein innovativer Leistungsbeweis mehr. Das Internet fungiert – und das ist sicherlich sein großer Verdienst – als weltweit erreichbares Schaufenster für Firmen. Nicht ohne Grund bezeichnen Internetverantwortliche eine Homepage oder einen Webshop als besonders gelungen, wenn eine „möglichst reale Einkaufsumgebung" geschaffen wurde. Dabei reichen die Möglichkeiten von einer schlichten, webbasierten Adressanzeige, über Kontaktmöglichkeiten, Unternehmenspräsentationen bis hin zu vielfach verästelten Internetpräsenzen mit Recruiting- und Shopbereich.

Für einige Branchen ist der Internetvertrieb essenziell geworden: 2010 erwirtschaftete dieser Distributionsbereich in Deutschland einen Umsatz von knapp 22 Milliarden Euro. Nach einer Studie von Analyse Accenture und der GfK beträgt der Online-Anteil im Bereich Unterhaltungselektronik 23 %, Möbel/Matratzen 11 % und für Bücher/Bürobedarf 7 %. Die Marktforscher prognostizieren, dass sich diese Anteile in den nächsten drei Jahren nahezu verdoppeln werden – mit weiter steigender Tendenz. Auch indirekt hat das Internet Auswirkungen auf das Konsumverhalten der Menschen: Einige Beobachter lassen sich zu der plausiblen These hinreißen, dass 75 % aller Käufe im Internet zumindest ihren Ursprung haben.[18] Auch wenn diese Zahlen beeindruckend sind und manche Händler in Zugzwang bringen, sollte ein Schritt zurück gemacht werden. Denn genauso klar lässt sich formulieren: Die Mehrzahl aller Unternehmen verdient ihr Geld weiterhin im direkten Kontakt zum Kunden. Die Gewichte mögen sich verändern, aber auch im 21. Jahrhundert freut sich der Mensch, wenn „Shoppen" nicht nur zu Hause vor dem Computer geschieht, sondern ein reales Einkaufserlebnis ist – am besten verbunden mit einer Städtereise nach Paris, London, Rom oder New York. Gerade weil der reine „Bezug" von Waren über das Internet heutzutage einfach, sicher und zum Teil preiswerter ist, werden die klassischen, stationären Vertriebswege dazu gezwungen, schöner, besser und kompetenter zu werden als ihre „blutleeren" Pendants aus Bits und Bytes.

4.2 Kostenlose Millionennetzwerke entstehen

2010 gilt als das globale Durchbruchsjahr der bekanntesten und erfolgreichsten Socialnetwork-Plattform „Facebook" – zu diesem Zeitpunkt hatte das Netzwerk die Webikone „Google" bei einigen Nutzungszahlen überholt. Gut 12 % der Weltbevölkerung (in Deutschland 25 %, in der Schweiz und Österreich 40 % der Einwohner) lassen sich inzwischen über Facebook erreichen – und die Anzahl der Mitglieder nimmt stetig zu. Auf Facebook verbringen Europäer mehr Zeit als auf jeder anderen Website. Kein Wunder, dass sich zahlreiche Unternehmen entschieden haben, auch im Social Web aktiv zu werden. Sicherlich ist ein Grund des Erfolges von Facebook & Co. äußerst einleuchtend: Nachrichten von Seiten des Unternehmens können – im Gegensatz zu klassischen Werbeträgern wie Anzeigen – kostenlos verbreitet werden. Werbeanzeigen auf Facebook zur Akquirierung von „Fans" kosten dagegen messbare Budgets. In der Regel bezahlt jedes Unternehmen für einen durch eine Facebook-Anzeige geworbenen Fan um 50 Cent. In Zeiten, in denen die Kosten von Marketingbemühungen kritischer unter die Lupe genommen werden als noch vor einigen Jahren, wirkt dieses Leistungsmerkmal äußerst überzeugend. Globale Marken wie Disney, Coca-Cola oder Starbucks erreichen – zumindest theoretisch(!) – mit einer online gestellten Information auf einen Schlag und ohne größere Investitionen bis zu 20 Millionen Menschen in Form sog. „Fans". Diese Zahlen machen nicht nur die Bedeutung sozialer Netzwerke deutlich, sie verweisen gleichzeitig auf die Verantwortung, die der „Social Media Manager" trägt: Er oder sie erreicht ohne Umstände und tradierte Kontrollmechanismen innerhalb der Unternehmenskommunikation Millionen von Menschen.

4.3 Erst die Strategie festlegen – dann posten

Die Entscheidung für eine Aktivität bei Facebook & Co. beinhaltet daher in erster Linie eine immense Verantwortung und ist wahrlich keine Problemlösung, sondern markiert den Beginn zahlreicher stilistischer und strategischer Aufgabenstellungen, die ein Unternehmen Tag für Tag lösen muss – und zwar wirklich Tag für Tag, denn nichts ist abschreckender als nicht aktualisierte Netzwerkaktivitäten. Es zeigt sich, dass bei vielen Unternehmen fundamentale Fragestellungen zum Umgang mit dem Medium „Facebook & Co." nicht vorab geklärt sind – mit fatalen Folgen für das entscheidende Unternehmensgut Marke.

Wird der sorgsam von den profitorientierten Dienstleistern der Netzwerksszene produzierte Hype mit etwas Abstand betrachtet, lassen sich drei Thesen aufstellen, die helfen können, das neue Medium gewinnbringend für die eigene Marke einzusetzen:

- These 1. Soziale Netzwerke sind durch die identischen Erfolgsregeln wie die traditionelle Markenführung gekennzeichnet.
- These 2: Die Präsenz in sozialen Netzwerken ist ein Bestandteil der Markengestalt.
- These 3: Soziale Netzwerke fungieren in Kundschaften wie Katalysatoren – allerdings sind die (positiven wie negativen) Auswirkungen aller Aktionen aufgrund des „Bekenntnischarakters" der Fans schneller und strukturverändernder als bei Kommunikationsmedien mit großen Streuverlusten.

Was bedeutet das im Einzelnen?

4.4 Ruhe bewahren

Heute sollte auch innovationsfreudigen Markenmanagern klar sein, dass das Internet in all seinen Formen nur ein einziger Bestandteil der Markengestalt ist. Keine noch so ambitionierte, technisch optimierte und kreative Website kann ein schlecht aufgestelltes Unternehmen zu einem gut aufgestellten Unternehmen machen. Das Internet ist keine selige Kommunikationsinsel, sondern normaler Teil der Wertschöpfungskette. Nichts wirkt unglaubwürdiger als elektronische Präsenzen, die nichts mit der physischen Realität zu tun haben.

Entscheider müssen sich darüber klar sein, dass heutige Unternehmensaktivitäten davon geprägt sind, Wettbewerbsvorteile zu erreichen, indem „wir" schneller agieren als die Konkurrenz. Es wird dafür oft auf „weak signals" des Marktes zurückgegriffen, die, verstärkt durch die auf Neuigkeitsjagd konditionierten Medien, überproportional verbreitet werden und dadurch eine vollkommen unangemessene öffentliche Beachtung erfahren. Die Kombination aus Mediendynamik und Konkurrenzdruck befördert die Ausprägung von „Schweinwahrheiten" oder Hypes, die mit dem realen Leben wenig oder gar nichts zu tun haben.

Leider zeigt sich, dass nach wie vor zu wenige Entscheider – gerade im Bereich Internet – unaufgeregt und analytisch mit diesen Phänomenen umgehen, nur so lassen sich die regelmäßig auftretenden neuen Internethypes verstehen: Die virtuelle Welt „Second Life“ entstand 2007 – vor kurzer Zeit noch ein „must have“, spricht heute kein Mensch mehr über diese „Lebensform“. Dies lässt sich unter anderem mit der Tatsache erklären, dass gerade im (Web-)Marketing junge Mitarbeiter aktiv sind, die ihre Anstellungsberechtigung aus der Tatsache beziehen, „etwas zu machen“. Ihnen fehlt naturgemäß die Erfahrung, um gelassen mit Neuheiten umzugehen, und es ist zudem nicht in ihrem persönlichen Interesse. Aber oft reichen selbst jahrelange Erkenntnisse aus dem Tagesgeschäft nicht aus, um erfahrene Entscheider langfristig gegen kostspielige Experimente zu immunisieren. Denn die ewige Sorge, durch Abwarten entscheidende Weichenstellungen zu verpassen und somit Potenziale zu verschenken, ist groß. Sicherlich werden in den nächsten Jahren weitere Spielarten der Internetkommunikation entstehen, von denen wir heute noch nichts ahnen – die wenigsten von ihnen werden das Potenzial einer massenhaften Vernetzung aufweisen. Die entscheidende Regel für Markenaktivitäten im Internet lautet: Ruhe bewahren, Performance beobachten und einsteigen, wenn das Medium erste Feuerproben überlebt hat. Erst dann sollte die aktuelle Entwicklung markentechnisch unaufgeregt im Sinne des Unternehmens interpretiert werden. Vielleicht ist das Unternehmen damit kein Trendsetter, aber in den meisten Fällen stellt sich heraus, dass die pionierartige Besetzung von Marketingkanälen ohnehin nicht zum Erfolgsprofil der Marke (siehe Kapitel 1) gehört.

4.5 Der „altbekannte Ton“

Zwar verfügen die wenigsten kleinen oder mittelständischen Unternehmen über Millionen sog. „Fans“, wie beispielsweise der US-Netzwerkprimus Disney mit gut 52 Millionen Anhängern, aber gerade wenn der Kreis der Bekenner eher klein ist, sollte die Ansprache der nahestehenden Gruppe äußerst sensibel und stilsicher erfolgen. Denn sich im Freundeskreis zu blamieren, ist bedeutsamer, als wenn dies vor einer anonymen Masse geschieht. Es ist nur allzu gut bekannt, wie Fans eines Fußballvereins reagieren, sobald die Spieler oder das Management nicht den richtigen Ton treffen – die Breitenwirkung ist enorm und erfasst auch Menschen, die nicht in einem engen Verhältnis zum Verein stehen.

Die soziologische Erfahrung zeigt, dass für eine Marke alles relevant ist, was für Menschen in irgendeiner Form wahrnehmbar ist. Sicherlich kann dies eine Hochglanzbroschüre oder ein Werbespot sein, es ist aber genauso ein rostiger Lieferwagen oder die unfreundliche Rezeptionistin im Hotel. Alles, was durch eigene Erfahrungen mit dem Namen eines Anbieters verknüpft ist, führt zu einer Generalisierung im Sinne eines Vorurteils. Dabei gilt – wie zuvor mehrfach beschrieben – die Regel: Menschen konstruieren aus konkreten Sachverhalten abstrakte Urteile. Vor diesem Hintergrund sind auch innovative Kommunikationskanäle wie Facebook & Co. zu verstehen: Kleinste Abweichungen vom altbekannten und oft heiß-geliebten Markenbild können irritieren und sogar verstören. Gerade Details sind wichtig. Welche Konsequenzen resultieren aus diesem Zusammenhang?

Bei einer Betrachtung zahlreicher Präsenzen auf Facebook drängt sich der Eindruck auf, dass die Verantwortlichen den Bereich „Social Media" als eine interessante Kreativspielwiese für die Praktikanten aus dem Marketing betrachten. Herausragendes und immer wieder festzustellendes Anzeichen für diese Tendenz ist das übergreifende „Duzen" der Nutzer. So ist es einem gestandenen Unternehmen wie RWE nicht unangenehm, den Erstkontakt mit dem Satz „Diskutiert mit! Morgen schalten wir bei der RWE Hauptversammlung eine Twitter-Wall live" herzustellen. Es verfällt aber im Informationstext erneut in ein „Sie". Mon Chérie, eine sich zutiefst seriös gebende Marke, duzt automatisch jeden Leser bei Facebook. Was für IKEA oder Red Bull richtig ist, weil hier auch die anderen Kanäle mit dem Duz-Element arbeiten, gilt nicht für jedes x-beliebige Unternehmen. Zur üblichen Markengestalt konträre Signale irritieren Nutzer und Interessierte und wären in jedem anderen Werbemedium undenkbar. Ansprachen, die mit dem „Rest des Unternehmens" in Widerspruch stehen, unpassende Texte, Abbildungen und Aktionen sind aktive Wertvernichtungen der Marke, denn sie entladen das Marken-Vorurteil in Hinblick auf die klare und eindeutige Erwartungseinlösung. Vor diesem Hintergrund müssen die Aktivitäten in sozialen Netzwerken den gleichen Bedingungen und Kriterien unterliegen wie jede andere Lebensäußerung der Marke. Meist wird das Argument vorgebracht, dass die typischen Nutzer der sozialen Netzwerke jung sein, sodass die Ansprache angepasst werden müsste. Das Gegenteil ist der Fall: Die Marke wird meist nicht über das soziale Netzwerk entdeckt, sondern war bereits zuvor gelernt. Die diffuse Kenntnis um die Besonderheiten der Marke sollte gerade im „Bekennerumfeld" nicht irritiert werden. Es geht um die Würde des Anhängers. Ihr Kunde ist ein Kundiger, der kündet. Marken wachsen niemals durch Anbiederung, sondern allein durch Verlässlichkeit. Bitte bedenken Sie: Fans bei einem sozialen Netzwerk bekennen sich zu Ihrem Namen. Sie sind Träger des öffentlichen Vertrauens in die Marke und immunisiert gegen die Angebote der Konkurrenz. Kaum etwas kann diese Klientel in ihrer Zuneigung erschüttern – außer Unschärfen im Auftritt durch das Unternehmen selbst. Das Argument der Verjüngung greift zu kurz, und es drängt sich der Eindruck auf, dass so mancher Markenmanager die sozialen Netzwerke allenfalls als Feigenblatt benutzt, um sich vor der eigentlichen (und schwierigeren) Aufgabe zu drücken: Marken werden nicht durch Facebook jung, sondern ausschließlich durch innovative Produkte und Dienstleistungen.

> Soziale Netzwerke sind kein Sonderfall zwischenmenschlicher Kommunikation. Für die Marke bedeutet dies, ihren Kommunikationsstil im Netzwerk sicherzustellen und durchzusetzen. Ist dies nicht möglich, dann ist die Teilnahme nicht möglich – und dies sollte auf Nachfrage genau so begründet werden.

Facebook & Co. sind direkt mit der Frage der Evolution einer Marke verknüpft: Wie wird sichergestellt, dass eine neue Gestaltausprägung als erweiterter Leistungsumfang und als Stärkung der Gesamtkomposition empfunden wird? Grundsätzlich gilt, dass der Mensch neue Ausprägungen an gemeinsamen Namen, Formen und Symbolen erkennt. Er lernt also am ehesten von einem vertrauten Absender. Exakt dort gilt es anzusetzen und feste Regeln zu entwickeln. Vielleicht stellt sich auch heraus, dass soziale Netzwerke nicht geeignet sind, die spezielle Note des Unternehmens weiterzutragen. Benötigt ein Bestattungsinstitut tatsächlich eine Facebookseite (siehe auch das Hamburger Bestattungsunternehmen GBI, dass man freudig „liken" kann)? Hat eine solche Art der Präsenz tatsächlich eine Funktion, die über einen Scherz im Bekanntenkreis hinausgeht?

Es gibt keinen Zwang, in sozialen Netzwerken präsent zu sein – wer so etwas behauptet, versteht nichts von selbstbestimmter Markenführung.

Oft ist zu lesen, dass eine Nachricht auf einem sozialen Netzwerk nicht mehr als 120 Zeichen haben sollte. Solche generellen Regeln sind markensoziologisch kritisch zu bewerten. Sicher ist es richtig, dass der gelernte Umgang mit dem Medium einige Erwartungshaltungen vorgibt, aber genauso sicher sollte sich die Facebook-Seite des Deutschlandfunks nicht an kryptischen Mitteilungsfetzen orientieren, sondern darauf bauen, dass ihre Fans gewohnt sind, mehr zu lesen und anders informiert zu werden als der typische Facebook-Fan der Bild-Zeitung.

Auch im Internet gilt: Die Marke muss im Vorfeld jeder Aktivität sicherstellen, dass ihre spezifischen Kompetenzen und Besonderheiten im Rahmen des Engagements herausgestellt werden. Jede Präsenz in sozialen Netzwerken muss existierende Marken-Vorurteile bestätigen, sonst schwächt die Marke sich selbst.

4.6 Jung, banal und wertvernichtend

An diesen Beispielen soll deutlich werden, dass die Nutzung von sozialen Netzwerken Regeln unterliegen muss, die allein das Unternehmen vorgibt – nicht das von ihm genutzte System. Noch gefährlicher ist in diesem Zusammenhang die Auslagerung der redaktionellen Tätigkeit an Dienstleister (oft die zuständige Werbeagentur). Von extern entsteht meist nur mittels genauer Anweisung ein „Gefühl" für die richtige Ansprache. Leider werden allzu oft Standardlösungen angeboten, anstatt den Auftritt markenspezifisch zu interpretieren. Derartige Präsenzen sind austauschbar und profitieren in ihrer Attraktivität allenfalls durch Leistungen in der Vergangenheit, laden aber die Marke nicht aktiv auf. Mit vielen fremdähnlichen, d.h. unpassenden Themen wird der Markenauftritt verwässert, und die der Marke zugeneigten Anhänger finden nicht, was sie hinsichtlich der Marke eigentlich interessiert. So bilden Meldungen wie „Wie ist das Wetter bei Euch heute?" keinen Mehrwert. Diese Form der Banalisierung der Marke ist höchst gefährlich. Von der Einbindung von Praktikanten und Auszubildenden nach dem Motto „Junges Medium, junge Redaktion" ist dringend abzuraten, denn an einer entscheidenden Schnittstelle unerfahrenen Mitarbeitern die Verantwortung zu überlassen, kann nicht gelingen.

4.7 Aktion und Reaktion: Facebook ist kein Kommunikationstrichter

Legen Sie die identischen Merkmale an die Qualität Ihres Netzwerk-Auftritts an wie bei allen Medien, in denen Sie präsent sind. Schärfen und definieren Sie Ihr Markenprofil und erarbeiten Sie eine klare Verfassung für Ihre Aktivitäten in den Netzwerken. Was darf stilistisch sein, was darf nicht? Welche Themen müssen, dürfen oder können verbreitet werden und vor allem wie? Gäbe es Möglichkeiten von „Folgegeschichten", die aufeinander aufbauen? Fokussieren Sie sich auf Ihre Kernleistungen. Denken Sie daran: Auch globalen Markenikonen ist es in einem Jahrhundert gelungen, nur(!) zwei, maximal drei kollektive Vorurteile in den Köpfen der Menschen zu verankern. Gerade die Menschen, die sich öffentlich zu Ihnen und Ihren Leistungen bekennen, die am Prestige und an der Strahlkraft Ihres Namen partizipieren, reagieren sehr empfindlich, sofern die Marke nicht den verankerten und erhofften Merkmalen entspricht.

Das Bild des Marktplatzes sollte stets die Entscheidungen hinsichtlich einzelner Aktivitäten bestimmen: Passt diese Aktion? Ist die Ansprache richtig? Ist diese Information für meine Leser/Kundschaft relevant? Maßgeblich für die Beantwortung dieser Frage sind die spezifischen Leistungen der Marke. Dies sind: die Produkt-Leistungen, die Dienstleistungen, die Informationsleistungen und die stilistischen Leistungen. Allein diese Felder offerieren das Material für eine individuelle, angemessene und stärkende Netzwerkaktivität.

Der Nutzer eines sozialen Netzwerkes bemüht sich aktiv um Informationen, er investiert Aufmerksamkeit und erwartet einen entsprechenden Gegenwert:

1. (Experten-)Wissen um die Marke.
2. Die Marke als sichtbar zur Schau gestelltes Teil des individuellen Persönlichkeitsprofils.

Gerade wenn bewusst ist, dass die sozialen Netzwerke in den Abendstunden und am Wochenende genutzt werden und vor allem für die soziale Interaktion mit Freunden und Bekannten dienen, muss ein (Mehr-)Wert geliefert werden. Der Markenexperte Karsten Kilian meint dazu: „Wer hier als Marke dabei sein darf, bietet meist soziales Prestige, persönlichen Genuss oder kurzweiliges Vergnügen.“ Diese Gruppe verdient es, als Erste über Neuerungen und besondere Aktionen informiert zu werden. Enttäuschen Sie diesen verdichteten Anhängerkern nicht! Dabei ergeben sich für deutschsprachige Unternehmenspräsentationen durchaus noch Potenziale: Gerade einmal 15 % der deutschsprachigen Nutzer bei Facebook sind „Fans“ bestimmter Unternehmen (in Großbritannien liegt der Wert bei 32 %). Achtung: Wer meint, Facebook als „Einbahnstraße“ zu nutzen, indem werbliche Nachrichten direkt „eingetrichtert“ werden, liegt falsch. Soziale Netzwerke leben von der Interaktion – allzu werbeorientierte Botschaften kommen nicht an, sie motivieren im Gegenteil zur Kritik. Ein neues Medium macht nicht jede Meldung attraktiv. Den Nutzern ist ihre Freizeit sicherlich zu schade, um reine Werbeberieselung zu ertragen – oder würden Sie eine

Radiostation hören wollen, die ausschließlich Werbespots sendet? Es ist und bleibt eine hohe Kunst, „smarte Information" zu verbreiten. Jedoch: Gerade die Konzentration auf Information macht den inhaltlichen Spagat leichter handelbar.

Der amerikanische Internetdienstleister Visibli hat in einer Studie herausgefunden, dass das Fanverhalten sehr unterschiedlich ist, je nachdem ob es sich um eine Künstlerfanpage oder um ein Unternehmen handelt: Grundsätzlich ist das Engagement mittels Kommentare oder „Likes" bei Marken um gut ein Viertel geringer als gegenüber Künstlern. Hinzukommt, dass das Engagement mit zunehmender Fananzahl von Unternehmen kontinuierlich abnimmt. Während Künstler im Durchschnitt auf eine Meldung (neudeutsch „Posting") 92 Likes bzw. 17 Kommentare erhalten, müssen sich Marken mit 52 Likes und 9 Kommentaren begnügen. Zwei weitere, wertvolle Ergebnisse der Studie: Die Fans, die erst später zu einer Seite hinzukamen, sind weniger engagiert als die ersten Verehrer. Auch nimmt die Aktivität durch „Kommentare" und „Likes" mit zunehmender Fangröße – relativ betrachtet – ab. Diese Zahlen machen deutlich, wie wertvoll die (ersten) „Fans" eines Unternehmens sind und wie sich außerhalb des Kundschaftskörpers eine Bündnisform bildet, die ihre Zugehörigkeit mit Stolz und Wertschätzung erfüllt.

4.8 Der demokratische Geist und die Marke

Hinzukommt eine besondere Form des Respekts: Als Unternehmen, das sich in sozialen Netzwerken positioniert, unterwerfen Sie sich automatisch den Regeln des Internets – der „Marke Internet". Dies mag man als Markenmanager durchaus kritisch betrachten, zumal gerade bei Facebook die Möglichkeiten einer individuellen und spezifischen Gestaltung eingeschränkt sind – dagegen ist die klassische Internetpräsenz ein Paradebeispiel individueller Form- und Stilgebung. Im Gegensatz zu bezahlten Medien lebt das Internet von seinem absoluten demokratischen Geist. Ist es hinter mehr oder weniger vorgehaltener Hand durchaus möglich, in manchen klassischen Medien freundliche Berichterstattungen zu „erbeten", ist das in einem unkontrolliert zugänglichen Medium wie dem Internet und vor allem in sozialen Netzwerken nicht der Fall. Soziale Netzwerke haben ihre Raison d'être in ihrer Gleichrangigkeit: Egal ob Rolls-Royce oder Döner-Imbiss – alle greifen auf dasselbe Steuerungs- und Funktionssystem zurück. Dieses Verständnis hat sich als gleichsam politisches Prinzip auf die Menschen im Netz übertragen. Nichts evoziert bei den Netzwerknutzern mehr Empörung und Widerwillen als eine zensurartige Netzwerkpflege. Facebook macht aus passiven Konsumenten in Sekundenschnelle und ohne großen Aufwand Aktivisten. Das Löschen unliebsamer Kommentare wird mit Sicherheit in einem kommunikativen Fiasko enden und mit einer Vielzahl aufgeregter, weiterer negativer Kommentare „belohnt". Facebook & Co. machen nicht nur die Kommunikation leichter, sondern machen sie gleichzeitig angreifbarer: Jeder mit Internetzugang kann unangenehme Fragen stellen, Kritik äußern und so eine Negativkampagne ins Rollen bringen. Hier ist das Kleine Symbol für das Gesamtverhalten dahinter: Wenn es ein Unternehmen nicht vermag zu demonstrieren, dass es seine Kunden oder Fans ernst nimmt, so muss es sich die Frage gefallen lassen, wie es in seiner Gesamtheit agiert. Deshalb gilt bei Kritik: Vorwürfe und Kritik sind öffentlich mit großer Ernsthaftigkeit aufzugreifen. Dabei geht es nicht um eine sklavische Entschuldigungsmentalität, aber darum, Kritik ernst zu nehmen. Sollten tatsächlich Fehler geschehen sein, so muss sich das Unternehmen ebenso öffentlich entschuldigen und die Hintergründe für die Fehler erläutern. Stolz nützt im Netz nichts, sofern er nicht verdient ist. Eines scheint als grundsätzliche Netzwerkregel klar: Wer schweigt, macht sich angreifbar.

In Zeiten der Überallverfügbarkeit von Informationen sehen viele Menschen faktenorientierte Informationen als eine Art Grundrecht. Diese neue Form der Kommunikation mit dem Kunden zu lernen, fällt vielen Unternehmen noch sehr schwer. Marken als strukturell „diktatorische Systeme" müssen ihre Gestaltvorgaben penibel durchsetzen, um als Marke wahrgenommen zu werden. Die Markenverantwortlichen sollten sich daher bewusst machen, dass es in einem demokratischen Medium unweigerlich zu anspruchsvollen Herausforderungen an das Markensystem kommen muss. Im Grunde genommen spielt der allgegenwärtige Hang zur Kumpanei und einer lockeren Fan-Ansprache der meisten Unternehmen den markenaffinen und stiltreuen Netzwerkgestaltern in die Hände: Die wahren Anhänger einer Marke – jene, die das kostenfreie Positive Vorurteil über die Marke im besten Fall enthusiastisch weitertragen – werden in ihrer Überzeugung nur gestärkt, sofern „stilzerstörende" Kommentare offen, konsequent und bestimmt durch das Unternehmen zurückgewiesen werden. Marke bedeutet in hohem Maße auch „Nein" zu sagen, Kritik höflich, aber bestimmt anzugehen und zu erläutern und manchmal (stolz) auszuhalten. Die echten Anhänger einer Marke wird es freuen, wenn „ihre" Marke das eigene Gestaltterritorium öffentlich abgrenzt. Wenn man weiß, wie sich typische Facebook-Seiten zusammensetzen, ist diese Strategie umso wertvoller: In einer Studie der Markenberatung diffferent kam heraus, dass gerade einmal 16 % der Social-Media-Nutzer wirklich bedeutsame Marken-Multiplikatoren sind. Es ist sinnvoll, die Kommunikation der Marke vornehmlich an eben dieser Gruppe auszurichten und deren Erwartungen und Wünsche genauestens zu recherchieren.

4.9 Fans sind keine Käufer

Der Erfolg der Aktivitäten im Netz wird oft an der Zahl der Fans oder Follower gemessen – diese Währung kann für einen verantwortungsbewussten Markenverantwortlichen allerdings nie der entscheidende Indikator für Erfolg sein. Zu groß sind „soziale Mitnahmeeffekte", denn ein kurz geklicktes „Gefällt mir" ist keine Währung, mit der man Mitarbeiter und Fuhrpark bezahlen kann – diese Währung befriedigt meist nur die Eitelkeit der Social Media-Verantwortlichen. Wahre Überzeugungskraft tritt erst an dem Zeitpunkt ein, an dem Menschen bereit sind, für etwas Geld zu bezahlen – und zwar langfristig!

Die „Lebenszeit" eines „Posts" bei facebook beträgt nach einer Studie von Visibli zu 95 % 22 Stunden: Im Detail werden 50 % aller Reaktionen auf einen Post innerhalb von 80 Minuten nach der Veröffentlichung abgegeben, 70 % innerhalb von vier Stunden und lediglich 5 % der gesamten Reaktionen kommen noch einen Tag nach der Verbreitung zustande. An diesen Zahlen zeigt sich die Schnelllebigkeit und Flüchtigkeit der sozialen Netzwerke. Es wäre fatal, wenn sich ein langfristig orientiertes Unternehmen nach kurzfristigen Aufmerksamkeitsschüben richten würde. Dementsprechend sollten Aktivitäten im Netz nicht unkontrolliert Ressourcen verbrauchen, die andere Bereiche sorgsam erwirtschaften müssen. Als Faustregel hat sich bewährt, die Anzahl der „Fans" mit der (geschätzten) Anzahl der täglichen Käufe des thematisierten Produkts oder der Dienstleistung zu vergleichen. Das bestehende Verhältnis sollte in etwa das Arbeitsengagement im Bereich der Netzwerke vorgeben. Denken Sie daran: Telling isn't selling!

Dennoch konzentrieren sich viele Unternehmen darauf, die Anzahl ihrer Fans über bestimmte Aktionen zu erhöhen. Beliebt: unerwartete Provokationen und kreative Ideen. Diese Methoden führen naturgemäß zu großer Aufmerksamkeit, die Frage ist allerdings, ob diese Ursachen die Wahrnehmung der Marke positiv verstärken oder ein reiner Selbstzweck sind. Denken Sie daran, dass es nicht darum geht, irgendwelche Marketingaktionen zu erinnern, sondern das Markenvertrauen zu stärken.

Auch ein kleines oder mittelständisches Unternehmen hat in seinem eigenen Umfeld genug Erzählmaterial, um auf die Besonderheiten eines Produkts oder einer Dienstleistung hinzuweisen: Alles, was die Interaktion zwischen Unternehmen und den potenziellen Kunden stärkt, ist geeignet, Thema zu werden. So kommuniziert die norddeutsche Bäckerei Junge: „Hallo liebe Junge-Fans! Zukünftig steht euch mit Martin Mothes einer unserer erfahrensten Bäckermeister als Ansprechpartner zur Verfügung. Herzlich Willkommen im Team, Martin!" und weist auf das Trikotsponsoring der G-Jugend hin. Ein norddeutscher Bundestagsabgeordneter grüßt jeden Morgen(!) seine 4999 Fans mit „Moin" und erhält ebenfalls täglich mit steigender Tendenz Dutzende Morgengrüße zurück. Der Fitnesscenter-Betreiber Meridian informiert über besonders fitnessorientierte Kochrezepte. Gardena, der deutsche Anbieter für Gartengeräte, informiert nicht nur über neue Produkte, sondern postet klassische Jahreszeiten-Gedichte. Ein französisches Ökogeschäft veröffentlicht im Wochenrhythmus sogar seine Umsätze, um nicht nur Präsenz, sondern auch Transparenz auf allen Kanälen zu zeigen.

Zentrale Aufgabe einer Präsenz ist es, über die Leistungen des Unternehmens selbstähnlich zu informieren, über Neuigkeiten und Entwicklungen vielleicht sogar zu allererst im sozialen Netzwerk zu berichten und vielleicht sogar Meinungsbefragungen über Produkt- bzw. unternehmensspezifische Fragen durchzuführen – sofern dies im Leistungsprofil des Unternehmens liegt. Die eigentliche Arbeit endet nicht mit der Akquirierung von Fans, sondern sie wird relevant über die Generierung von Neugeschäft. Es gilt, Menschen durch leistungsorientierte Angebote zunächst vom Anbieter zu überzeugen und durch wiederholte positive Erfahrungen gegenüber anderen Anbietern zu immunisieren.

4.10 Vertrauen ist auch im Glasfaserkabel entscheidend

Und so sollte sich kein Markenmanager von den Möglichkeiten der sozialen Netzwerke irritieren lassen. Eines ist sicher: In den nächsten Jahren werden neue Plattformen und Internetgewohnheiten entstehen und zu Massenphänomenen heranreifen, während andere Angebote ihren Zenit überschritten haben werden. Der einzig fundamentale Wert der Marke auch und gerade in Zeiten des Internets bleibt das kollektive Vertrauen in einen bestimmten Namen. Dabei gibt jede Marke ihren Stil vor. Stil ist für die Marke kein Wert an sich, sondern Resultat der Aktivitäten und Leistungen über die Zeit bis zum heutigen Tag. Stil sichert nicht nur ein oberflächliches Wiedererkennen, sondern fördert das kostenlose Positive Vorurteil. Der Stil der Marke ist dabei keine Frage des persönlichen Geschmacks, sondern wirtschaftlich orientierte Zielsetzung und eindeutige Positionierung über eine Corporate Identity hinaus. Den besonderen Stil einer Marke auch im vorgegebenen gestalterischen Raster der sozialen Netzwerke zu besetzen, ist keine leichte Aufgabe und sollte weder unerfahrenen Mitarbeitern noch eingekauften Dienstleistern überlassen werden. Der „Moderne Marktplatz" benötigt Menschen, die in der Lage sind, die Werte, die die Marke bis dorthin geführt haben, selbstähnlich weiterzugeben. Denn Marken ordnen und gliedern die soziale Welt. Gerade in einem nicht überschaubaren, absolut komplexen Universum wie dem Internet mit einer unerschöpflichen Anzahl an direkten Verlinkungen und indirekten Angeboten sind Eindeutigkeit und Klarheit ein besonders wertvolles Gut. Machen wir uns nichts vor: Auch im 21. Jahrhundert freuen wir uns darüber, wenn wir nach Hause kommen, Mann/Frau und Kinder gesund, die Tageszeitung am richtigen Platz und die Lieblingschips schon vor uns auf dem Couchtisch stehen.

Vorab-Checkliste für die Aktivität in sozialen Netzwerken

Bei aller Euphorie machen Sie sich folgende Zielsetzungen immer wieder deutlich:

- *Soziale Netzwerkaktivitäten müssen – direkt oder indirekt – Wertschöpfung erzielen und vor-verkaufen!*
- *Soziale Netzwerkaktivitäten müssen für die an der Marke Interessierten nützliche Angebote und Dienstleistungen bieten, das Leistungsportfolio der Marke widerspiegeln und – sofern möglich – gestaltkonform erweitern!*
- *Soziale Netzwerkaktivitäten müssen die Kundschaft pflegen und die Anhängerschaft vergrößern!*

Im Ergebnis zu den aufgeführten Analysen und Überlegungen auf markensoziologischer Basis werden folgende Fragen herausgearbeitet. Jedes „Nein" bedeutet potenzielle Schwierigkeiten für Ihre Aktivität:

1. *Passt die computergestützte Kommunikation zu Ihrem Markenauftritt?*

2. *Sind Ihre Leistungen von derartigem Interesse, dass Sie sich selbst vorstellen könnten, sich damit in Ihrer Freizeit auseinanderzusetzen?*
3. *Hat Ihr Unternehmen ausreichend und vor allem gut geschulte Mitarbeiter zur Netzwerkpflege?*
4. *Sind Sie in der Lage, vor Beginn Ihrer Netzwerkaktivitäten ein klares und eindeutiges Regelwerk auszuarbeiten, das stilistisch und thematisch den Rahmen vorgibt?*
5. *Sind Sie dauerhaft in der Lage, leistungsorientiert zu kommunizieren?*
6. *Kennen Sie die Interessen und markenspezifischen Leidenschaften Ihrer Anhängerschaft?*
7. *Verfügen Sie mindestens über fünf beispielhafte Posts, die vorgeben könnten, wie zukünftige Posts auszusehen haben?*
8. *Sind die Aktivitäten auf Ihre Kenner und Anhänger ausgelegt?*
9. *Sind Ihre Posts so eigenständig, dass nur Ihr Unternehmen damit in Verbindung gebracht werden könnte?*
10. *Sind Sie bereit, auch ungerechte und polemische Kritik öffentlich einsehbar zu behandeln?*

4.11 Schützen Sie Ihre Marke - auch im Netz

Sofern Sie nicht sicherstellen können, dass die Integrität Ihrer Marke gewahrt bleibt und Ihre Präsenz einen echten Mehrwert für Ihre Fans darstellt, verzichten Sie lieber auf eine Aktivität in diesem Medium. Oder würden Sie Unternehmensbroschüren verschicken, die vor Fehlern strotzen? Denken Sie daran: 90 % aller Deutschen vertrauen den Empfehlungen von Verwandten und Freunden – dies ist der Spitzenwert in der Vertrauensstatistik. Die klassische Werbung ist dagegen auf einem der letzten Plätze mit gerade einmal einem Drittel. Deshalb formuliert Markenwissenschaftler Karsten Kilian die These, dass in Zukunft der Umsatz eines Unternehmens nicht mehr proportional zum Werbedruck steigt, sondern mit der Anzahl der Empfehlungen. Diese Einschätzung ist Chance und Warnung zugleich: Eigentliche Aufgabe des Markenmanagers ist es, die Kommunikation und ihre unterschiedlichen Kanäle so zu gestalten und zu organisieren, dass sie effektiv auf bereits akkumulierte Markenenergien einzahlen, sie als Schubkräfte verwenden und zeitgemäß weiter stärken. Wenn Soziale Netzwerke nicht markenkonform interpretiert werden, dann degeneriert die Aktivität zu einem reinen „Wir sind auch dabei, weil alle dabei sind". Und das kann niemals der Anspruch für ein Unternehmen sein, das Marke ist.

Unser Appell: Nutzen Sie Ihre Markenkraft!

In Zeiten, in denen Manager großer Unternehmen ihre Kunden durch Übernahmen anderer Unternehmen eher dazukaufen, anstatt sie dazuzugewinnen, mag die Intention dieses Buches ungewohnt sein. Doch zum Glück ist dieses Gebaren vielen Mittelständlern fremd: Auf den vorhergehenden Seiten werden die Regeln zum langfristig wirksamen Aufbau und zur kontinuierlichen Erzeugung von Markenkraft aufgezeigt. Marke ist keine Sache von Tagen, Marke ist Leistung über die Zeit. Jedes Unternehmen, das mit langfristiger Perspektive arbeitet, sollte sich mit Marke beschäftigen. Die Nichtnutzung von Markenkraft bedeutet die Vergeudung baren Geldes, weil unkontrolliert Ressourcen verschwendet werden.

Dieses Buch hat Ihnen die Grundlagen des Markenaufbaus nahegebracht und anhand von Praxisbeispielen zahlreiche Umsetzungsmöglichkeiten dargestellt. Die hier aufgeführten Grundgesetze der Markensoziologie und der Markentechnik geben Handlungsrichtlinien für jede wirtschaftliche Unternehmung vor, mit denen publikumswirksam die eigene (und nur die eigene) Leistung dargestellt und langfristig verankert werden kann. Dabei besitzt eine kleinere Firma durchaus Vorteile: Die konkrete Umsetzung der Erkenntnisse ist oft effektiver und einfacher, weil das Material überschaubarer ist und – viel wichtiger – die Ergebnisse nicht unzählige Instanzen und Diskussionen durchlaufen müssen. Gerade Unternehmen mittlerer Größe verfügen noch über direkte Erfahrungen mit Lieferanten und Kunden und wissen, was funktioniert und was vergebene Mühe ist. Diese Stärken sollten sich Unternehmer immer wieder selbst bewusst machen.

Jede einzigartige oder besondere Leistung eines Unternehmens besitzt Energie, auch wenn das den direkt und täglich damit konfrontierten Verantwortlichen oftmals nicht mehr bewusst wird. Für potenzielle Kunden ist es wichtig, dass Sie bei Messe XY für das Catering verantwortlich waren, dass Sie das größte Lager für Schrauben besitzen, alle Teile in Deutschland gefertigt werden oder Sie schon seit 1986 Spielzeug importieren. Die mit diesen Leistungen verbundenen Energien gilt es einzusetzen, um sich von der Konkurrenz möglichst kostengünstig abzusetzen.

Marken sind, wie deutlich wurde, lebende Systeme. Im Gegensatz zu einer Maschine, deren Funktionsweise anhand von Konstruktions- und Ablaufplänen ablesbar ist, basiert das System Marke auf einem sensiblen Geflecht sozialer Ursache- und Wirkungsprinzipien, das erst nach genauer Analyse deutlich wird – anschließend aber ebenfalls steuerbar ist.

Der Weg dorthin, die wissenschaftlichen Grundregeln und markensoziologischen Erkenntnisse sind in diesem Band so vereint, dass der Markenaufbau sofort beginnen kann. Nicht abrupt und unkontrolliert, sondern organisch und langfristig orientiert: Entscheidung für Entscheidung für Entscheidung.

Lassen Sie sich keine vermeintlichen Lösungen präsentieren, die nicht mit den Leistungen und Besonderheiten Ihres Unternehmens zusammenhängen. Lassen Sie sich nicht von eingeflüsterten Marktentwicklungen und Trends nervös machen! Haben Sie keine Angst vor Schlagworten wie „Vergreisung der Kundschaft" oder „Verjüngung der Marke"! All dies sind Phrasen, die in schöner Regelmäßigkeit wiederkehren und auch auf keinen Fall aus dem Blick gelassen werden sollten – aber niemals Richtlinien Ihres Handelns sein sollten.

Sehen Sie immer die Gesamtheit Ihrer Marke, und handeln Sie jeden Tag im Kleinen mit Blick auf das Große dahinter!

Markenführung im ökonomischen Kontext – Nein sagen stärkt

Dr. Timm Homann
Konzernvorstand Otto Group &
Lehrbeauftragter School of International Business, Bremen

Die Führung einer Markengestalt ist die wohl komplexeste Herausforderung an das Management eines ökonomischen Systems.

Im Alltag der wirtschaftlichen Praxis bedarf es einer permanenten Beurteilung, welche Entwicklungen, Maßnahmen und Ideen zur Stärkung beitragen und an welchen Stellen eine Schwächung des Markenkörpers eintreten könnte.

Es ist dieser Anspruch, der in priorisierender Art und Weise den Erfolg – also die dauerhafte Wertschöpfung einer Unternehmung – determiniert. Die Wirtschaftsliteratur bietet eine Vielzahl an (system-)theoretischen Ansätzen, die diese Aufgabenstellung zu strukturieren helfen soll.

In diesem Kontext dominieren die Hinweise auf die Bedeutung von Erneuerung und Fortschritt eines ökonomischen Systems durch ein vorwärtsgerichtetes Management. Nur gelegentlich wird angedeutet, dass die Ausgestaltung eines individuellen Profils und einer gestaltverbundenen Führung nachhaltigen Einfluss auf die Anziehungskraft der Unternehmung gegenüber ihrer Kundschaft besitzt.

Grenze definiert Innen und Außen

Das individuelle Profil ergibt sich aus der genetischen Struktur einer Markengestalt, die diese in ihrer Geschichte ausgebildet hat und ab der Gegenwart stetig weiterzuentwickeln in der Lage sein sollte. Die individuelle genetische Struktur kann sich nur kraftvoll stärken, wenn sie sich in allen elementaren Lebensäußerungen gegenüber ihrem Umfeld konsequent abzugrenzen versteht.

Abgrenzung bedeutet immer entsprechenden Verzicht bzw. eine fast schon chirurgische Filterung und Analyse aller großen und kleinen Einflussfaktoren, die im strategischen und operativen Geschäft auf die Unternehmung einstürmen: Trends und Moden, Technologieentwicklungen, rechtliche Vorgaben, Mitbewerber, Mitarbeiter, gesellschaftliche Strömungen, neue

Beschaffungs- und Absatzmärkte, Organisationsstrukturen, Stilistiken und viele weitere Faktoren gilt es hinsichtlich ihres Nutzens und ihrer Wirkung auf die individuelle genetische Struktur des Markenkörpers zu überprüfen.

Fatalerweise ist die Wirkung eines jeden einzelnen Grenzkampfes auf die Marke nicht proportional zum Auslöser. Bereits kleinste Faktoren können das System nachhaltig stärken und voranbringen oder aber schwächen und belasten. Diese Disproportionalität ist es, die von einem Management permanente Sensitivität und Detailverantwortung im Entscheidungsalltag erfordert.

Entsprechend bedarf es einer Führungsqualität, die den Markenkörper in seiner Komplexität sowohl intellektuell als auch emotional und stilistisch zu durchdringen versteht. Das Management darf sich weniger als Abenteurer verstehen, der sich den Verlockungen des aktionistischen Tatendrangs hingibt, sondern übernimmt vielmehr die Rolle des selektierenden Grenzschutzes.

Der psycho-soziologische Grenzkampf

Ein besonderes Dilemma des Managements liegt in der Tarierung der psychologischen und soziologischen Grenzverläufe täglichen Entscheidens.

Die psychologische Grenze beschreibt den Umgang des Managements mit den passiv-destruktiven Verhaltensweisen innerhalb eines Markenkörpers. Diese treten immer dann auf, wenn die Mühen des Eigenantriebs, die Lust auf bequeme Gewohnheiten und das Verharren in alten, unproduktiven Mustern die selbstähnliche Weiterentwicklung behindern.

Das Ziel der psychologischen Grenze ist deren Überwindung. In allen Subsystemen einer Unternehmung muss das Management dafür Sorge tragen, dass belastende Stereotype aufgebrochen und energetisiert werden. Sehr häufig ist festzustellen, dass ein notwendiges Hinterfragen bestehender Abläufe unterbleibt. Daraus resultiert nicht selten eine indifferente Gelassenheit, die bereits in frühem Stadium mögliche Kreativitätspotenziale erstickt. Nach dem Motto: „So war es schon immer in diesem Unternehmen", werden belebende Chancen und Alternativen mundtot gemacht. Besondere Gefahr besteht, wenn die selbstgefällige Behäbigkeit schlitzohrig mit dem Schutz des Markenkörpers vor Fremdähnlichkeit argumentiert wird.

Nur durch das Aufbrechen der psychologischen Grenze gelingt dem Unternehmen die Diffusion von Beharrung und Erstmaligkeit, die in gestaltgerechter Rezeptur die Lebenskraft der Marke garantiert.

Die Wirtschaftsgeschichte kennt eine Vielzahl an Beispielen, die deutlich werden lassen, dass erst die Nicht-Akzeptanz von Grenzen zu besonderen Leistungen und entsprechender Wertschöpfung geführt haben. Gerade dort, wo eine Unternehmerpersönlichkeit oder das Management in der Lage waren, die Barrieren der Vorstellungskraft zu lösen, sind außerordentliche Markenkörper entstanden.

Erst durch die Überwindung der psychologischen Grenze entsteht Fortschritt, Leistung, Weiterentwicklung, Begeisterungsfähigkeit, Kreativität und Engagement.

Auf der anderen Seite sieht sich die Markenführung mit den Ansprüchen der soziologischen Grenze konfrontiert. Die soziologische Grenze beschreibt den Umgang des Managements mit dem Markenkörper als eigenes, dominierendes Lebewesen. Sehr häufig stellt man fest, dass es einem Management nicht gelingt, die Marke vor den Einflüssen innerer Destruktion zu schützen. Dabei muss dies als Kernaufgabe angesehen werden, denn die Markengestalt beschreibt nichts anderes als die Verstetigung der wertschöpfenden Vertrauensbündnisse zum Geldgeber, der Kundschaft.

Jede soziologische Grenzverletzung bedeutet immer eine Irritation und Belastung dieser Vertrauensbündnisse und erfordert oftmals erhebliche, transaktionskostenbeladene Korrekturmaßnahmen.

Ziel der soziologischen Grenze ist deren Einhaltung, Stärkung und selbstähnliche Ausgestaltung. Es besteht die Anforderung, dass individuelle Wünsche, Visionen und Ideen der Subsysteme einer Marke auf deren Kongruenz mit der Markengestalt überprüft werden. In diesem Kontext bedarf es einer außerordentlichen Konfliktfähigkeit und integrativen Kompetenz des Managements, wenn man zwischen den Hoffnungen des einzelnen Subsystems und den Bedürfnissen der Marke selbst zu vermitteln und zu entscheiden hat.

Überall dort, wo der existenziell-wirtschaftliche Druck auf eine Marke wächst, wo Kapazitätenabhängigkeiten entstehen, wo zeitliche Zwänge die Veränderungen innerhalb einer gewachsenen Struktur herbeireden, wo neue Technologien verlockende Expansionsperspektiven versprechen, wo Mitbewerber Qualitäts- und Leistungssprünge erkennbar werden lassen, wo Populismus und Publizitätszwänge Renditeziele abverlangen, wo Fluktuationen in gestaltprägenden Bereichen steigen oder wo arbeits-/vertragsrechtliche Befristungen die Entscheidungen der Markenverantwortlichen dominieren, lauern die Gefahren einer Aufweichung der soziologischen Grenze.

Erst durch die konsequente Sicherung der soziologischen Grenze erhält sich Selbstähnlichkeit, entsteht Kontinuität und Berechenbarkeit, kommt es zur Gewinnung der Massenseele, steigt die Identifikation und Wiedererkennung und ergibt sich die dauerhafte Wertschöpfung.

Jeder Praktiker kennt die enormen Missverständnisse und Konflikte, die zwischen psychologischer und soziologischer Grenzführung entstehen können. Zugleich sind die Potenziale, die aus einem integrativen Abgleich beider Facetten entstehen, besonders prägend und stärkend für einen Markenkörper.

Der Innovationsgrenzkampf

Den Alltag der wirtschaftlichen Praxis beherrschen oftmals visionäre Terminologien der strategischen Führung: „die ausgetrampelten Pfade sollen verlassen werden, um neue Wege zu gehen", „junge Gesichter werden benötigt", „ab Anfang fünfzig ist man schwer vermittelbar", „die Zukunft liegt in unseren Händen", „die ewig Gestrigen haben keine Chance", „lasst die Vergangenheit ruhen, wir müssen nach vorne schauen".

Diese Auffassungen sind letztendlich nicht mehr als die Summe von wohlklingenden Begriffshülsen, die dem Wortschwall der Trendforschung entsprungen sind und dem Prozess der strategischen Führung einer Markengestalt keinerlei substanziellen Wert zufügen. Wer die Praxis betrachtet, der weiß um die normativen Kräfte, die diese Anschauungen besitzen. Oftmals wird auf allen Ebenen einer Unternehmung dieses Fortschrittsdenken außerordentlich undifferenziert proklamiert.

Wer als traditionell betitelt wird, der wird dies heutzutage mehrheitlich als Beleidigung empfinden. Als Zauberwort wird in diesem Kontext gern von Innovation gesprochen. Wer fühlt sich nicht geehrt, wenn man ihn als innovativen Kopf bezeichnet? „Innovation bringt Zukunft" lautete der Wahlspruch einer Volkspartei zur Bundestagswahl, und der Alt-Bundespräsident Roman Herzog konstatierte in seiner berühmten Berliner Rede, dass die Fähigkeit zur Innovation über unser Schicksal entscheiden werde.

Doch was beinhaltet der magische Begriff der Innovation?

Im *Mackensen/von Hollander*, einem bedeutenden Fremdwörterlexikon, übersetzt man diesen Begriff mit „Erfindungen und Entdeckungen, die den Fortschritt fördern".[19] Der Begriff Fortschritt wird im gleichen Werk mit „Besserung" erklärt.[20]

Der normative Duktus, der die Innovation mit fördernder Besserung gleichsetzt, erklärt die rasante Inflation, der dieser Begriff unterliegt. So überrascht es nicht, dass eine Vielzahl an Publikationen zum Innovationsmanagement und innovativen Führungsstrukturen angeboten werden, zahlreiche Innovationsseminare besucht, innovierende Consultants rekrutiert werden und Politiker über die Notwendigkeit der gesellschaftlichen Innovationsbereitschaft diskutieren, ohne zu berücksichtigen, dass nach dem Prinzip der Logik die Innovation eine Veränderung des bestehenden Musters beschreibt, hierin jedoch kein Selbstverständnis zur Verbesserung besteht.

Als Beispiel sei auf die Vielzahl der innovativen Produkteinführungen im Lebensmitteleinzelhandel hingewiesen. Von zehn neuen Produkten überlebt nur eines die Einführungsphase, die anderen neun Innovationen verstecken sich in den Büchern der Finanzbuchhaltung in den Konten „Forschungsetat" bzw. in der G&V auf der Verlustseite.

Aus markentechnischer Sicht ist es erschreckend, wie selbstverständlich der Hang zur oftmals destruktiven Innovation ausgelebt wird und begriffslose Wortschöpfungen entstehen, wie zum Beispiel: „Durch Erneuerung, Einmaligkeit und Identifikation am Design der Zukunft mitwirken."[21]

Hier schließt sich der interessante Gedanke Georg Simmels hinsichtlich der Originalitätssucht der Menschen in der Moderne an, die glauben, durch eine frühzeitige Identifizierung mit dem Neuen sich von der übrigen Gesellschaft abheben zu können, auch wenn dieses Neue nicht aus ihrem eigenen Wesen entspringt.[22]

Dabei erkennt der Markenführer die Natürlichkeit der Innovationsprozesse. Der Mensch steht als „animal symbolicum" in einer bestimmten Weise zur Welt. Innovationen sind in diesem soziologischen Verständnis nichts anderes als kraftvoller Ausdruck menschlichen Gestaltungsdranges. Die zahlreichen sozialwissenschaftlichen Ansätze zur Beschreibung der menschlichen Bedürfnisse können nicht darüber hinwegtäuschen, dass es lediglich diese permanenten Auseinandersetzungen mit eigenen Einfällen und Ideen sind, die das menschliche Wesen von allen anderen Naturgestalten unterscheidet.

So versteht der Markentechniker die Innovation als wünschenswerte und notwendige Bedingung langfristiger Ausrichtung von Unternehmungen und Markenkörpern. An vielen technischen Neuerungen wird deutlich, dass diese in hohem Maß gerade zur Entstehung ökonomischer Bündniskräfte im Sinn eines evolvierenden Prozesses beigetragen haben.

Doch aus markentechnischer Sicht ist das Innovationsbedürfnis nicht nur abhängig von der jeweiligen Branche, sondern vor allem vom Lebensstadium einer Unternehmung. Während anfänglicher Schöpferreichtum regelrecht notwendig ist, um die Gestalt kraftvoll zu entwickeln, verringert sich diese Notwendigkeit in vielen seiner Subsysteme in dem Maß, in dem sich Resonanzräume in Form von Kundschaftskörpern bilden. Der richtige Schwung entsteht aus der Reproduktion, daraus, dass sich dasselbe immer wieder wiederholt.

Dies bedeutet, dass gerade der Umgang mit Innovationspotenzialen immer auch einer diktatorischen Kontrolle zu unterliegen hat. Es ist peinlich genau darauf zu achten, welche Stelle innerhalb der Unternehmung welche Form der Innovation herbeiführen will. Im Zweifelsfall muss der Markenverantwortliche balancierende und oftmals konsequente Korrekturen einleiten: „Der Glaube an ein gleiches Recht für alle zeigt nur die Unzulänglichkeit der rechtlichen Erfassung des lebendigen Geschehens."[23]

Innovation darf im hier dargestellten Sinn der Markenführung also nicht a priori als positives Merkmal menschlichen Daseins angesehen und umgesetzt werden. Eine Erkenntnis, die der aktuellen gesellschaftlichen Diskussion entgegensteht. Innovationen dienen häufig als rechtfertigender Selbstzweck, um vor dem Hintergrund kurzfristiger Erfolgsoptimierung ihren geringen Wirkungsgrad zu kompensieren: „Durch permanenten Wechsel zeige ich doch nur meine Unsicherheit. Ich tue so, als wäre ich wahnsinnig tüchtig – aber wenn mir etwas Richtiges, Wichtiges eingefallen wäre, müsste ich es nicht kurz darauf wieder ändern."[24]

Prozesse, die einem Innovationsgedanken unterliegen, können keiner unmittelbaren Erfolgsmessung zugeführt werden. Hingegen sind Prozesse, die sich durch Kontinuität auszeichnen, einer solchen Beurteilung direkt ausgeliefert. Innovationen nehmen den Druck des Tagesgeschäfts, denn sie befinden sich erst auf dem Weg zu den erhofften Erfolgspotenzialen und können sich dadurch dem Anspruch nach Wertschöpfung entziehen.

Die Grenzführung einer Marke bedeutet, dass nur die Innovationen ratsam erscheinen, die eine Perspektive auf Denovation besitzen. Es gilt also, nur solche Veränderungen vorzunehmen, die Chancen auf Gewohnheitsbildung erkennen lassen. Eine Beurteilungskategorie, die oftmals keine Anwendung findet.

Kategorien der Grenzführung

Abschließend stellt sich die Frage nach einer Steuerbarkeit der komplexen Führung eines Markenkörpers.

Hierzu sind drei Facetten von besonderer Bedeutung:

a) Alle Entscheidungen, welche die Entwicklungen einer Marke beeinflussen, sind entlang der Marke und nicht entlang des Managementempfindens heraus zu argumentieren. Nur die Marke selbst kann Anhaltspunkte für eine selbst- oder fremdähnliche Entwicklung geben.

b) Zahlreiche Entscheidungen zur Weiterentwicklung der Marke sind diktatorisch und in keiner Form disponibel. Hier bedarf es einer harten und unmissverständlichen, aber inhaltsschweren Kommunikation innerhalb und außerhalb der Unternehmung.

c) Die Entscheidungen zur Stärkung der Marke sind erleichternd anhand von Tendenzkategorien abzuprüfen und auszugestalten. Hier ergeben sich oftmals besondere Motivationsfelder für Mitarbeiter einer Unternehmung, denn es gibt wohl kaum erfüllendere Momente als die, die das Gefühl vermitteln, dass Maßnahmen eingeleitet wurden, die in besonderem Maße harmonisch zur Gestalt komponiert wurden.

Tendenzkategorien sind beispielsweise anhand folgender Fragen zu konkretisieren:

- Dominiert die Marke das Management?
- Dominiert die Herkunft die Hinkunft?
- Dominiert die Denovation die Innovation?
- Dominiert der Anspruch der Führungsmarke das Harmoniegefühl der Dachmarke?
- Dominiert das Innen das Außen?
- Dominiert die Anziehung den Wunsch der Ausdehnung?
- Dominiert die Akkuratesse den Populismus?
- Dominiert die Eigenstilistik die Ubiquität?
- Dominiert die Langfristigkeit die Verlockungen der Kurzfrist?

Fazit

Die martialisch anmutende Terminologie des Grenzkampfes beschreibt in treffender Weise die Tätigkeit eines Markenmanagements. Der Begriff impliziert, dass es bei jeder Marke ein Innen und ein Außen gibt. Was der

Gestaltsoziologe mit dem Begriffspaar der Sozialität und Asozialität umschreibt, bedeutet für den Markenverantwortlichen eine klare und operative Kenntnis und Kommunikation über das eigene Innen. Nur dadurch kann es gelingen, die Vielzahl der Einflussfaktoren, Zwänge und Eindrücke auf eine Marke zu kanalisieren und zu dechiffrieren.

Alle angeführten Kategorien erleichtern die tägliche Herausforderung an das Management und helfen, die Komplexität zu reduzieren und zu operationalisieren. Darüber hinaus bleibt jedoch immer ein bedeutender Rest, den es über die „Fähigkeit des Managements, in die Markengestalt hineinzuhorchen" zu beschreiben gilt.

Die Führung einer Marke verbindet sich in starkem Maße mit dem Einsatz der eigenen ästhetischen Urteilskraft. Diese vermag Individuelles zur dauerhaften, wertschöpfenden Bündniskraft zu formen. Es war Goethe, der einen vernachlässigten Anspruch an das Management wie folgt formulierte: *„Die Sinne, das Gefühl, das Gemüt üben weit größere Macht über uns aus, und zwar mit Recht: denn wir sind aufs Leben und nicht auf die Betrachtung angewiesen."*[25]

Anmerkungen

1 Horkheimer, Max: Über das Vorurteil. Köln und Opladen, 1963.
2 Oft wird 1886 als Marken-Gründungsjahr angegeben, in dem Jahr erhielt Carl Benz das Patent für das erste Automobil der Welt, 1926 entsteht nach Fusion der Unternehmen Daimler und Benz die Daimler-Benz AG und die Marke Mercedes-Benz.
3 Kleinsteuber, Hans J.: Stereotype, Images, Vorurteile – Die Bilder in den Köpfen der Menschen. In: Trautmann, Günther (Hrsg.): Die hässlichen Deutschen. Deutschland im Spiegel der westlichen und östlichen Nachbarn. Darmstadt, 1991, S. 66/67 (S. 60–75).
4 Es ist aus markentechnischer Perspektive äußerst zweifelhaft, dass die 2011 initiierte Werbekampagne „don't be a maybe", die den weltberühmten Cowboy in Rente schickt, zur 3. Auflage des Buches noch existieren wird. Ein plakatives Beispiel dafür, wie Marken sich selbst zerlegen: Marlboro ist es durch diese werbliche Neupositionierung gelungen, mühsam (und teuer) seit 1965 aufgebaute Wertschöpfungsenergie in einem Augenblick zu löschen. Unspezifische, austauschbare Motive ersetzen eine sorgfältig ausdifferenzierte Bild- und Themenwelt, die Millionen Menschen weltweit innerhalb von Sekunden zuordnen konnten. In Geld ist der Verlust für das Unternehmen nicht mehr darstellbar.
5 Allport, Gordon W.: Die Natur des Vorurteils. Köln, 1971, S. 43.
6 Für die Themen-Logos von Google ist der Begriff Doodle inzwischen zum Begriff geworden – ein Zeichen für Markenstärke.
7 Brandmeyer, Klaus/Rauhe, Hermann: Die selbstähnliche Wiederholung – Erfolgsprinzip aller populären Musik. In: Klaus Brandmeyer/Alexander Deichsel/Christian Prill (Hrsg.): Jahrbuch Markentechnik 2002/2003. S. 347.
8 Aaker, David A.: Management des Markenwerts. Frankfurt/M.; New York, 1991, S. 72.
9 Reeves, Rosser: Werbung ohne Mythos. München, 1963, S. 73.
10 Reeves, Rosser: Werbung ohne Mythos, München, 1963, S. 72.
11 Deichsel, Alexander: Herkunft, Geschichte, Vorurteil – Energiefelder im internationalen Wettbewerb. In: Brandmeyer, Klaus/Deichsel, Alexander (Hrsg.): Jahrbuch Markentechnik 2000/2001; Frankfurt/M., 1999, S. 200/201 (S. 193– S. 219).
12 Markt und Mittelstand/Das aktuelle Internetportal für Unternehmer: Markencheck Frosta: Eiskalte Markenführung, 06.02.2008.
13 Sanofi-Aventis: Fusion zahlreicher Pharmaunternehmen, u. a. Hoechst/Primondo: Dachmarke u. a. für zahlreiche Versandhandelsmarken/Quimonda: Chiphersteller.
14 Kreativpreise der Werbebranche
15 Vgl. Anmerkung 4.
16 Maucher, Helmut: Vom Glück, im Vogelnest zu leben. In: Jahrbuch Markentechnik 1995, S. 238–239.

17 Ein Problem gibt es, wenn die gezeigte Leistung mit der Realität nicht korreliert. Kein Kunde erwartet, dass ein Post-Flugzeug in seinem Garten landet, aber wenn – wegen der Fremdvergabe an Servicedienstleister – statt eines gelben Postautos ein weiß verschmutzter Lieferwagen (mit einem klitzekleinen gelben Aufkleber Deutsche Post an der Hintertür) jeden Tag die Briefkästen entleert, dann helfen die Verheißungen der Werbung dem Kunden nicht weiter, sondern stiften nur Verwirrung.

18 Möbelkultur, 04/2012, S. 29 (Interview mit Arne Stock).

19 Mackensen, L., Hollander, P. v.: Wörter und Fremdwörterbuch, S. 1678.

20 vgl. Mackensen, L., Hollander, P. v.: Wörter und Fremdwörterbuch, S. 422.

21 vgl. Berth, R.: Visionäres Management, S. 259.

22 vgl. Simmel, G.: Die Mode, in: Philosophische Kultur, Über das Abenteuer, die Geschlechter und die Krise der Moderne, gesammelte Essays, S. 52 ff.

23 Domizlaff, H.: Brevier für Könige, S. 50.

24 Littmann, P.: Zwei Männer, ein Wort, Textilwirtschaft vom 25.03.99. Frankfurt am Main, 1999, S. 3.

25 Goethe, J. W. v. : Morphologie, S. 53.

Abbildungsverzeichnis

Weiterführende Literatur

Das Buch *Markenkraft im Mittelstand* lebt von den Erfahrungen aus der Theorie und der Beratungspraxis des Büros für Markenentwicklung. Es ist – gedanklich gesehen – das Werk vieler Autoren und Markenexperten, die direkt und indirekt die Ergebnisse und Thesen erarbeitet und mitgeprägt haben.

Deshalb möchten wir Ihnen folgende Bücher empfehlen:

- „Die Gewinnung des öffentlichen Vertrauens" von Hans Domizlaff. *Das Standardwerk der Markentechnik.* (Hamburg, 2005, 7. Auflage)
- „Markensoziologie" von Alexander Deichsel. *Der Begründer der modernen Markensoziologie vereint in diesem Buch sein gesammeltes Wissen aus Wissenschaft und Praxis.* (Frankfurt/M., 2006, 2. Auflage)
- „Erfolgsgeheimnis Ost: Survival-Strategien der besten Marken" von Arnd Zschiesche und Oliver Errichiello. *Wie „schlafende" Marken erfolgreich neu erweckt werden, lässt sich hier spannend nachlesen* (Wiesbaden, 2009)
- „Marken im Bermuda-Dreieck" von Manfred Schmidt. *Wie eng die Markenkraft den Vertrieb beeinflusst, erklärt der renommierte Markenmanager in diesem Buch.* (Frankfurt/M., 2003)
- „Werbung ohne Mythos" von Rosser Reeves. *Der Klassiker der seriösen Werbetheorie.* (München, 1963)

Wenn Sie sich über die sozialen Mechanismen bzw. die Soziologie dahinter informieren möchten, seien folgende Werke empfohlen:

- „Gemeinschaft und Gesellschaft" von Ferdinand Tönnies (Darmstadt, 1963)
- „Die Soziologie der Marke" von Kai-Uwe Hellmann (Frankfurt/M., 2004)

Viel Wissenswertes zur Funktionsweise und wirtschaftlichen Kraft positiver Vorurteile gibt es in diesen Büchern nachzulesen:

- „Die Natur des Vorurteils" von Gordon W. Allport (Köln, 1971)
- „Ein Positives Vorurteil Deutschland gegenüber/Mercedes-Benz als Gestaltsystem. Ein markensoziologischer Beitrag zur Vorurteilsforschung" von Arnd Zschiesche (Zürich, 2007)

Stichwortverzeichnis

E

F

G

H

N

O

P

Q

R

S

T

U

V

W

Y

Z

Die Autoren

Dr. Arnd Zschiesche und Dr. Oliver Errichiello sind die Gründer des *Büro für Markenentwicklung* in Hamburg und gehören zu den führenden Experten für wissenschaftliche Markenführung. Die Markensoziologen beschäftigen sich mit allen Fragen der strategischen Führung und langfristig orientierten Durchsetzung von Marken. In den Medien beziehen sie regelmäßig, offensiv und deutlich Stellung zu allen aktuellen Entwicklungen rund um ihr Themengebiet. Auf Vortragsbühnen von Europa bis Asien und in ihren Büchern kämpfen sie für den sachlich-sachgerechten Umgang mit dem Thema Marke und gegen Marken-Wertvernichtung durch Unwissenheit und fehlgeleitete Kreativität. Die beiden Geschäftsführer sind Lehrbeauftragte für Markenmanagement und Markensoziologie an der Hochschule Luzern.

Ihr Know-how setzten sie zudem ein, um eine eigene Marke für fair und nachhaltig entwickeltes Eco-Design aufzubauen, die in den letzten Jahren mehrere renommierte Auszeichnungen gewann. Regelmäßig unternimmt das Autorenduo Ausflüge ins humoreske Fach, zuletzt mit „Wir Einmaligen" – einer schonungslos komischen Abrechnung mit der Individualgesellschaft, über die DIE ZEIT schreibt: „Knalliger Soziologie-Pop für den Alltag".

Kontakt:
Büro für Markenentwicklung Hamburg
040/67952982
info@buero-fuer-markenentwicklung.com
www.buero-fuer-markenentwicklung.com

16166209R00125

Printed in Poland
by Amazon Fulfillment
Poland Sp. z o.o., Wrocław